Susanne Riesselmann

Einfache Sachaufgaben zu verblüffenden Sachtexten

Lesen – staunen – rechnen

Persen
Persen Verlag

Gedruckt auf umweltbewusst gefertigtem, chlorfrei gebleichtem und alterungsbeständigem Papier.

1. Auflage 2009

2. Auflage 2012

Illustrationen: Mele Brink
Satz: Satzpunkt Ursula Ewert GmbH, Bayreuth

ISBN 978-3-8344-3389-3

www.persen.de

Inhaltsverzeichnis

I Einführung

I.1 Zur Konzeption

Im Alltag werden Kinder und Jugendliche mit einer Fülle von Sachinformationen konfrontiert: Sie begegnen ihnen in Zeitungen und Zeitschriften, in Büchern und nicht zuletzt in der Schule.
Sachtexte sind zunächst wegen des Sachwissens, das sie vermitteln, lesenswert, erschließen sich dem Leser so doch neue Welten. Andererseits enthalten viele Texte Zahlen und Größen. Diese müssen erfasst, verglichen, interpretiert und mit bereits vorhandenem Wissen in Beziehung gesetzt werden. Sonst versteht man die Texte nicht richtig.
Ziel dieses Buches ist es, über die Beschäftigung mit Sachtexten Kompetenzen im Umgang mit Sachinformationen schrittweise zu fördern und auszubauen. Der Mathematikunterricht kann dazu einen wichtigen Beitrag leisten, indem er Lerninhalte aus anderen Fächern verbindet und Sachtexte mit Zahlen und Größen in den Fachunterricht integriert.
Laut Christa Erichson – die viele Vorschläge für das *fächerübergreifende* Sachrechnen mit Texten aus Natur, Geschichte, Technik und Sport gemacht hat – stellt gerade das „Mathematisieren von Sachsituationen eine besondere Form der Texterschließung dar, wie sie nirgendwo sonst sinnvoller geleistet werden kann, die aber zur Bewältigung der gedruckten Umwelt unverzichtbar ist" (Erichson 1991, S. 23). Gerade in funktionalen (mathematischen) Zusammenhängen lassen sich – so die Mathedidaktikerin – folgende „Lesestrategien erfolgversprechend schulen:

- *orientierendes* Lesen, um sich über den Sachverhalt einen Überblick zu verschaffen;
- *genaues* Lesen, um Beziehungen zwischen den Textaussagen herzustellen;
- *selektives* Lesen, um für die Problemlösung die wesentlichen Informationen herauszupicken;
- *kritisches* Lesen, um textimmanente Widersprüche, aber auch solche zwischen Textaussage und eigener Erfahrung zu entdecken;
- *produktives* Lesen, um mit den Informationen zu operieren" (Erichson 1991, S. 23).

An der Anbahnung und Vermittlung dieser Strategien orientiert sich der Aufbau dieses Buches.

I.2 Sachtexte und -situationen als gesonderte Form des Sachrechnens

Sachtexte oder Sachsituationen mit mathematischen Informationen werden in der einschlägigen Literatur – wegen der Unterschiede zum Lösen von Sachaufgaben – als gesonderte Form des Sachrechnens behandelt (vgl. Franke 2003, S. 177 ff.; Radatz/Schipper u.a. 1999, S. 195). Bei Sachtexten interessiert in erster Linie der Inhalt, das Sachwissen, das man bei der Lektüre erfährt.
Die Mathematik wird der Sache untergeordnet, dient aber dem Sachverständnis: „Sie übernimmt die Funktion eines Werkzeuges bei der Problembearbeitung" (Franke 2003, S. 64). Sachtexte beschreiben reale Phänomene, bilden eine Brücke zu anderen Fächern, besonders zum Sach-, aber auch zum Deutschunterricht: Bei der Arbeit mit ihnen werden Strategien des sinnerschließenden Lesens gebraucht und weiterentwickelt (s. Einleitung), Sachwissen erworben und mathematische Kompetenzen angewendet und verbessert.
Die mathematischen Anforderungen sind vergleichsweise hoch: Beispielsweise werden beim Rechnen mit authentischen Texten alle vier Grundrechenarten (auch mit großen Zahlen), verschiedene Größenbereiche und Stützpunktvorstellungen sowie das Schätzen und Überschlagen abgefragt und gefordert und müssen situationsgerecht eingesetzt werden.
Von daher stehen Schätzaufgaben aus dem Alltags- und Erfahrungswissen der Schüler und Fragen in verschiedenen Schwierigkeitsgraden im Mittelpunkt. Die Ansprüche an den Umgang mit den Texten zielen vor allem auf genaues Textverständnis und das Auffinden relevanter Daten ab. Dabei werden in der Regel erste Rechenoperationen und Überlegungen angestellt.

I.3 Ziele der Einheit

Die Schüler sollen ihre kognitiven und mathematischen Fähigkeiten und Leistungen anwenden und verbessern, indem sie relevante Informationen aus Sachtexten lösen und etwa in mathematische Aufgaben übersetzen (Modellieren). Sie sollen sich über mathematische Operationen (Vergleichen, Zuordnen, Abschätzen, Rechnen) Sachprobleme und Sachverhalte verdeutlichen, Zusammenhänge erkennen, Widersprüche aufdecken und so neue Erkenntnisse zu Sachthemen gewinnen.
Dabei werden primär kognitive Leistungen wie Strukturierungs-, Abstraktions-, Kombinations- und Problemlösefähigkeiten abgefragt.

II.1 Didaktische und methodische Überlegungen

Prozessbezogene Kompetenzen[1] wurden im Unterricht lange vernachlässigt. Jetzt sind sie wieder ins Visier gerückt, weil sie zum Lösen offener Aufgaben und zur Bewältigung von Alltagssituationen wichtig sind. Dies zeigt auch die Aufnahme dieser Kompetenzen in die Bildungsstandards der KMK (2004), die für die Förderschule Lernen grundlegend sind.
Allerdings wird im Mathematikunterricht der Förder- und Hauptschulen noch oft auf offene Problemstellungen und Aufgaben verzichtet, werden Übungsformen praktiziert, die dem Beherrschen der Verfahrenstechniken dienen, aber die Ausbildung allgemeiner mathematischer Kompetenzen ausschließen.
Dabei sollte es gerade diesen Schülern ermöglicht werden, sich mathematische Inhalte aktiv und selbstständig zu erarbeiten und zu durchdringen. Man sollte vielfach Anlässe zum Überlegen, Beschreiben, Vermuten und so weiter bieten. Auch die KMK (1999) weist in den Empfehlungen zum Unterricht im Förderschwerpunkt Lernen darauf hin: „Mit dem Ziel, dass die Schülerinnen und Schüler erworbenes Wissen und Können auf neue Anwendungsbereiche übertragen können, ist einem didaktischen und methodischen Vorgehen, bei dem die Schülerinnen und Schüler selbst Problemlösungen durch eigenes Tun und sprachliches Handeln finden, Vorrang einzuräumen" (KMK 1999, S. 11).
Bei der Beschäftigung mit Sachtexten kommt die mathematische Kompetenz des *Modellierens* zum Einsatz: Sie zielt darauf ab, „den mathematischen Gehalt einer Alltagssituation zu erkennen, die relevanten Informationen aus dem Kontext zu lösen und in mathematisch lösbare Aufgaben zu übersetzen ... gleichzeitig geht es hier um die Fähigkeit, aus Abbildungen Informationen zu entnehmen, Daten von einer Darstellungsform in eine andere zu übertragen und mit den enthaltenen Informationen zu arbeiten" (Lankes 2006, S. 21).

Zugänglichkeit und Schülerinteresse

Herkömmliche Textaufgaben sind oft weder informativ, noch unterhaltsam, sondern konstruiert und langweilig. Inhalte spielen keine große Rolle. Schülern (und Lehrern) sind sie ein Gräuel.
Ein Sachtext, der inhaltlich so interessant ist, dass er die Schüler zum Rechnen und zum Lesen anregt, bietet viele Vorteile: Selbst wenn der Text nur gelesen wird, bringt er interessante Informationen (z.B. Xi Shun, der größte Mann der Welt, passt durch keine Tür). Den Schülern begegnen Größen und Relationen, die für die mathematische Vorstellung von Bedeutung sind (z.B. Xi Shuns Hände sind so groß wie DIN-A4-Blätter) und zu weiteren Überlegungen und Recherchen anregen (z.B.: Wie ist das, wenn Xi Shun im Flugzeug fliegt oder eine Frau küssen will?). Sachtexte dienen der Texterschließung und der Erschließung neuer Welten. Und dabei sind gerade die verrückten, fremdartigen, spannenden, witzigen, ausgefallenen Situationen und Sachverhalte wie Rekorde besonders attraktiv.

Chancen und Risiken

Trotzdem birgt der Umgang mit Sachtexten im Mathematikunterricht Risiken: Für die Schüler ist die Verbindung von Lesen und Rechnen neu. In ihrem Verständnis liest man im Deutschunterricht und man rechnet im Mathematikunterricht. Möglicherweise stößt das Rechnen mit Sachtexten daher auf Widerstand und Ablehnung („So viel Text! Lesen – kann ich nicht gut. Außerdem haben wir jetzt Mathe."). Hinzu kommt, dass etwa leistungsstarke Rechner häufig schwache Leser sind und der Umgang mit Sachtexten – ausgerechnet – im Mathematikunterricht sie frustrieren könnte.
Aufgrund dessen gelingt es eventuell nicht allen Schülern, sich die relativ umfangreichen Texte zu erschließen, oder sie lehnen diese Aufgaben sogar ab. Aufgrund der interessanten Themen werden die Schüler ihre Vorbehalte aber erfahrungsgemäß leichter überwinden und/oder sich von den Inhalten der Geschichten beeindrucken lassen. Darüber hinaus zielen manche Fragen darauf ab, die aus dem Text gewonnenen Informationen auf die eigene Person zu übertragen und zu beziehen, was zusätzlich reizvoll ist.

Didaktische Reduktion, Hilfsmittel und Differenzierung

Sach- und Informationstexte finden sich etwa in Zeitungen, Sachbüchern oder Lexika, auch Gebrauchsanweisungen und Rezepte zählen dazu. Allerdings eignen sich viele Sachtexte aufgrund des Inhalts, der Sprache oder des Umfangs in ihrer ursprünglichen Form nicht für einen Einsatz im Unterricht. Daher sind die Texte in diesem Buch selbst verfasst oder umgeschrieben worden.
Im Anhang findet man eine Checkliste zum Sachrechnen, Tabellen zum Stützpunktwissen und Rezensionen von Sachbüchern, die sich zum Mathematisieren eignen.

Anmerkungen zu II.3: Sachtexte mit eigenen Worten wiedergeben

Voraussetzung für das erfolgreiche Lösen von Sachaufgaben ist zunächst, dass der Text verstanden wurde und eine ausreichende Vorstellung des Sachproblems gegeben ist. Dazu kann es sinnvoll sein, die im Text be-

[1] Die KMK nennt als prozessbezogene Kompetenzen das Problemlösen, Argumentieren, Modellieren, Kommunizieren und Darstellen (vgl. KMK 2004, S. 10)

schriebene Sache etwa in eigenen Worten nachzuerzählen oder zu zeichnen.
Bei schwierigeren Texten können auch Fragen zum Text gestellt werden, die die Schüler sich selbst oder gegenseitig beantworten.
Denn: Viele Schüler scheitern bereits an der *mathematischen Modellbildung*. Ohne eine Beziehung zwischen Sache und Mathematik herzustellen, werden häufig vorgegebene Zahlen mit der Operation verknüpft, die im Unterricht gerade Thema ist (vgl. Franke, S. 105 ff.).
Ursachen dafür können sein:
Der Text wird nicht genau gelesen und die Schüler rechnen mit Zahlen, die ihnen ins Auge fallen.
Der Text wird nicht verstanden, weil Wortbedeutungen unklar sind (pro, wöchentlich, im Durchschnitt etc.).
Die Situation als solche wird nicht verstanden, weil sie für die Schüler unvorstellbar oder völlig fremd ist.
Es gibt keine Verbindung zwischen beschriebener Situation und dazugehöriger Rechenoperation. So wird etwa das Subtrahieren nicht als Wegnehmen, sondern als Aufforderung zum Rückwärtszählen missverstanden.
Häufig passiert es auch, dass Schüler völlig absurde Ergebnisse als Lösung akzeptieren, ohne zu überprüfen, wie plausibel diese sind.
Da jede der beschriebenen Aktionen für die Schüler Schwierigkeiten bergen kann, macht es Sinn, diese auch isoliert und/oder schrittweise zu üben. Allerdings gibt es dabei selbstverständlich immer wieder Überschneidungen.
In diesem Kapitel geht es hauptsächlich um das Beantworten von Fragen zu Texten. Die Aufgaben zielen auf genaues Textverständnis ab und stellen eher formale Übungen dar, mit dessen Hilfe die Schüler sich die Texte erschließen.
Dazu sollen diese sich zunächst die Fragen genau durchlesen und anschließend in den Texten die Stellen mit den Antworten markieren.
Darüber hinaus sollen sie überlegen, welche Fragen die Texte direkt beantworten, welche Fragen die Texte gar nicht beantworten und für welche Antworten man unter Umständen erst rechnen muss.

Anmerkungen zu II.6: Scherz- oder Kapitänsaufgaben

Mit Kapitäns- oder Scherzaufgaben bezeichnet man unrealistische Aufgaben, die man nicht lösen kann, weil man anhand der Angaben die gefragten Informationen nicht ermitteln kann: Entweder weil die Angaben unvollständig sind (s. M6.1, ❷), die mathematische Berechnung zwar korrekt, aber unrealistisch ist (s. M6.2, ❹) oder die Angaben nichts mit der Frage zu tun haben (s. M6.1, ❶).
Viele Schüler lassen sich allerdings von Kapitänsaufgaben blenden und rechnen etwa mit Zahlen, die ihnen ins Auge fallen, führen unsinnige Rechenoperationen aus und akzeptieren absurde Ergebnisse, ohne deren Plausibilität zu prüfen.

Anmerkungen zu II.7: Mit Sachtexten rechnen

Die Themen und Texte in diesem Kapitel sind anhand von Zeitungsberichten, eigenen Recherchen und Lexika-Einträgen ausgewählt und verfasst worden. Die Texte können zunächst gemeinsam gelesen und Verständnisfragen im Plenum geklärt werden. Selbstverständlich können die Schüler dabei auch mit einem Partner oder in der Gruppe arbeiten. Wichtig ist nur, dass alle den Textinhalt vollständig erfasst haben. Weitere Bearbeitungshilfen könnten sein: Nacherzählen, Umformulieren, Text gliedern/Fragen zum Text formulieren, Herausschreiben von Stichworten, Unterstreichen/Durchstreichen/Markieren oder das Gelesene nachspielen (Rollenspiel).

Zu jedem der Texte gibt es Fragekärtchen, deren Struktur aus den vorangegangenen Kapiteln bekannt ist.
Die Fragen sind in drei Kategorien eingeteilt:
- *leichte Fragen*, für die man nur lesen muss (z. B. Wie groß ist Xi Shun in cm?)
- *mittelschwere Fragen*, deren Antwort man über eine einfache rechnerische Verknüpfung von Zahlen aus dem Text ermitteln kann (z. B. Wie viele cm ist Xi Shun größer als sein Vater?)
- *schwierigere Fragen*, deren Beantwortung komplexere Überlegungen oder rechnerische Verknüpfungen erfordert, die nicht direkt im Text gegeben sind (z. B. in welchem Jahr wurde Xi Shun geboren?) oder sich gar nicht beantworten lassen (z. B. Was isst Xi Shun gern?)

Die Schüler sollen selbst entscheiden können, welcher Art von Fragen sie nachgehen wollen und welche Schwierigkeitsstufe sie sich zutrauen. Außerdem können sie auch zu jedem Text eigene Fragen formulieren.
Es bietet sich an, dass die Schüler die Ergebnisse und Überlegungen in einem Dokumentationsheft oder in einer -mappe festhalten. So kann man zugleich Einblick in deren individuellen Denk- und Arbeitsweisen nehmen.
Als Hilfe kann den Schülern die Checkliste: „Lösen von Sachaufgaben" (s. S. 80) an die Hand gegeben werden.
Zum schnelleren Auffinden der Daten und Zahlen sind diese in manchen Texten fett gedruckt.
Lösungen zu den Karten sind angegeben, allerdings zielt das Bearbeiten der Aufgaben nicht „nur" auf die Errechnung fester Größen ab. Die Mathematik dient hier vor allem dazu, die beschriebenen Leistungen, Re-

korde und Ereignisse besser zu verstehen und zu untersuchen. Schwerpunkt soll das Erschließen neuer Welten sein.

Möglichkeiten zur Weiterarbeit mit den Texten:
Nachfolgend werden einige Ideen und Anregungen zur (fächerübergreifenden) Weiterarbeit gegeben. Da schon die Aufgaben – insbesondere die anspruchsvollen – zum Weiterforschen anregen, werden die Schüler zusätzlich genügend eigene Ideen entwickeln. Es bietet sich auch an, die Themen in Projekte einzubinden, von denen aus man weitere Fragen entwickelt.

Xi Shun passt durch keine Tür
- Xi Shuns Heimat China kennen lernen (Lage, Größe, Arbeits- und Lebensbedigungen, Kultur und Religion)
- 2,36 m hohen Pappaufsteller basteln, Größen der Schüler darauf markieren
- Umriss von Xi Shun auf Tapetenrolle zeichnen, Größen der Schüler darauf markieren
- Ebenso kann man Xi Shuns Schuhgröße (Gr. 57), seine Armlängen (1,06 m) und seine Hände (DIN-A4-Blatt) vergleichen

Luftdichte Fahrstühle im Taipeh 101
- Größenvergleich mit anderen Wolkenkratzern (Empire State Building, Burj Dubai, CN Tower) anstellen und maßstabsgetreue Modelle basteln
- Entwicklung des Wolkenkratzer-Baus studieren (Wann wurde der erste Wolkenkratzer gebaut? Welche Erfindungen waren nötig?)
- Das Land Taiwan untersuchen (Geschichte, Bevölkerung, Lebensbedingungen, Kultur ...)
- Entstehung von Erdbeben (Aufbau der Erde etc.)

Ganz schön haarig!
- Wie lassen sich unterschiedliche Haarfarben und -dichten erklären (Klima etc.)?
- Aufgaben der Haare
- Entstehung von Glatzen; Bartwuchs bei Männern
- Vererbung von Haarfarbe und -struktur?
- Wer hat die längsten Haare der Welt?
- Wie sind Haarforscher zu Ergebnissen gekommen?

Pinguine – einmalig in der Vogelwelt
- Fortplanzung der Kaiserpinguine (Stichwort: Wanderung der Kaiserpinguine)
- Sprache der Pinguine
- Klimaveränderung und Antarktis

Kleine Giftzwerge
- Eine Frosch-Ausstellung planen: Froscharten aus Knete, Ton, Pappe etc. in Originalgröße formen und Wissenswertes dazu aufschreiben
- Wo und wie leb(t)en Indianer?
- Amphibien; Froscharten

Tiefsee: Leben im Dunkeln
- Verlauf des Marianengrabens
- Wer war der erste Mensch, der zum tiefsten Punkt der Erde gelangte?
- Warum wächst in der Tiefsee nichts (Stichwort: Fotosynthese)?
- Wie haben sich Tiefseebewohner Bedingungen angepasst (Stichwort: Biolumineszenz)?

Anmerkungen zu II.8: Sachtexte und Schaubilder
Auch die Arbeit mit Schaubildern und Sachtexten bietet eine Fülle von interessanten Aufgabenstellungen. Da Schaubilder aber andere Anforderungen an das Lese- und Interpretationsvermögen stellen, beginnt dieses Kapitel mit dem Lesen von Tabellen und Grafiken.
Anschließend sollen Daten von einer Darstellungsform in die andere übertragen werden. Das erfordert nicht nur genaues Textverständnis, sondern auch Flexibilität im Umgang mit den Darstellungsformen.
So können aus Sachtexten Daten herausgesucht werden und Listen erstellt werden. Je nachdem, welche Fragen man stellt, werden die Informationen entsprechend in andere Schaubilder übertragen.
Zum Beispiel kann man zum Text „Rekorde in der Pflanzenwelt" ein Stabdiagramm, eine Zeitleiste oder ein Schaubild zum Gewichtsvergleich von Pflanzen zeichnen.
Die Aufgabenstellung lässt sich auch ohne Weiteres umkehren und man kann zu Listen, Tabellen und Diagrammen Sachtexte schreiben lassen.

❶ Markiere in verschiedenen Farben:

Zeitangaben rot

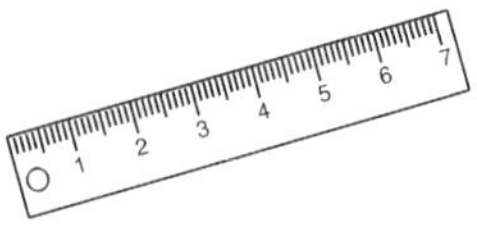

Längeneinheiten grün

Gewichtseinheiten blau

Geldeinheiten gelb

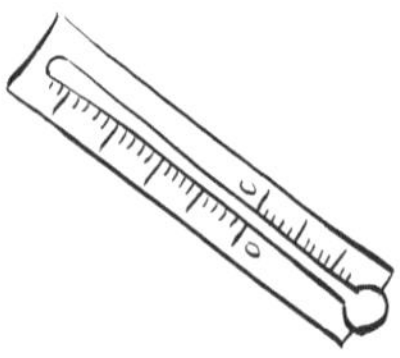

Temperatureinheiten lila

Meter Kilogramm Cent Euro

Stunden Kilometer Millimeter Seemeilen Tonnen

Pound Sekunden Dollar Grad Celsius

Yen Zentimeter Tage Gramm Grad Fahrenheit

Feet Meile Dezimeter Milligramm

Minuten Pfund Jahre

❷ Schreibe hinter die Wörter die richtige Abkürzung. Beispiel: Meter – m

❸ Klammere die Einheiten ein, die in Deutschland nicht so gebräuchlich sind.

❹ Welche Maßeinheiten fallen dir noch ein? Was wird damit angegeben?

____

____

____

____

❶ Ergänze Meter (m), Kilometer (km) oder Zentimeter (cm).

Höhe einer Tür	2 ________
Länge eines Autos	4 ________
Runde im Stadion	400 ________
Entfernung Hamburg–München	800 ________
Länge eines Filzstifts	18 ________
Größe eines Erwachsenen	1,75 ________

❷ Ergänze Gramm (g), Kilogramm (kg) oder Tonne (t).

Tafel Schokolade	100 ________
Tüte Zucker	1 ________
Paket Butter	250 ________
unser Mathematikbuch	250 ________
Briefmarke	1 ________
Giraffe	1 ________

❶ Ergänze Minuten (min), Sekunden (s) oder Stunden (h).

Spielfilm	1,5 ________
Zeit, in der man von 21 bis 80 zählt	1 ________
große Pause	15 ________
Schulstunde	45 ________
Atemzug	1 ________
Fußballspiel	90 ________

❷ Ergänze Liter (l) oder Milliliter (ml).

kleiner Eimer	5 ________
Badewanne	200 ________
kleines Glas Milch	10 ________
große Flasche Limo	2 ________
Trinkpäckchen	200 ________
kleine Flasche Limo	500 ________

❸ Ergänze Cent (ct) oder Euro (€).

ein Brötchen	50 ________
Tüte Gummibärchen	80 ________
eine Jeans	39,90 ________
Packung Kaugummi	80 ________
ein iPod-Shuffle	40 ________
Computerspiel	19,95 ________

Größen-Puzzle (1)

Für einen Kuchen braucht man ________ g Mehl	Drei Brötchen kosten ________ €	Eine Tür ist etwa ________ m breit.	Bis zum Mond sind es ________ km.
Ein großes Schiff ist ca. ________ m lang.	Zwei Büroklammern wiegen ________ g.	Eine Tafel Schokolade kostet ca. ________ ct.	Eine Boeing fliegt ________ m hoch.
Der Durchmesser der Erde ist ________ km.	Ein Erwachsener wiegt ca. ________ kg.	Beim Duschen verbraucht man ca. ________ l Wasser.	Ein Elefant trinkt am Tag ca. ________ l Wasser.
Man sollte täglich ________ l trinken.	Ein Fußballfeld ist ________ m lang.	Ein Stück Würfelzucker wiegt ________ g.	In einer Packung Milch ist ________ l.
Ein Paket Butter wiegt ________ g.	Ein PKW wiegt ca. ________ t.	Ein Ei wiegt ca. ________ g.	In einer Tasse sind ca. ________ ml.

1. **Schneide die Lösungskarten aus.**
2. **Lege auf jedes Feld die passende Karte.**
3. **Wenn alle Karten richtig liegen, ergibt sich ein Lösungstext.**

Größen-Puzzle (1) – Lösungskarten

1,5 Himalaja	**300** der	**80** Berg	**75** Er
1 zum	**1** höchste	**250** Gebirge	**13 000** der
13 000 Welt.	**0,8** Everest	**150** Nepal.	**2** hoch
40 ist	**150** 8848 m	**500** Der	**4** gehört
1,50 Mount	**50** in	**400 000** ist	**100** und

Größen-Puzzle (2)

Ein Auto ist ca. ________ m lang.	Die große Pause dauert ________ min.	Ein Klassenraum ist ________ m lang.	Eine Tafel Schokolade wiegt ________ g.
Eine Tube Zahnpasta wiegt ________ g.	Eine Tüte Zucker wiegt ________ g.	Eine Runde im Stadion sind ________ m.	Eine Packung Spaghetti wiegt ________ g.
Das Mathebuch wiegt ________ g.	In eine Badewanne passen ________ l.	In ein kleines Glas Saft passen ________ ml.	Zwei Kästchen des Collegeblocks sind ________ cm breit.
Eine volle Füllerpatrone wiegt ________ g.	Eine Giraffe ist ca. ________ t schwer.	Ein Geodreieck ist ________ mm lang.	Ein Atemzug dauert ca. ________ s.
Ein Paket Salz wiegt ________ g.	Ein Eisbär wiegt ________ kg.	In einer kleinen Flasche Limonade sind ________ ml.	Von Hamburg nach München sind es ca. ________ km.

1 Schneide die Lösungskarten aus.

2 Lege auf jedes Feld die passende Karte.

3 Wenn alle Karten richtig liegen, ergibt sich ein Lösungstext.

Größen-Puzzle (2) – Lösungskarten

1 Stelle	**500** Baikalsee	**75** Welt	**1** tiefste
20 tiefste	**160** Olkhon-Spalte	**400** der	**200** Die
250 in	**100** der	**1** wird	**300** 1637 m
1000 ist	**2** genannt,	**4** Der	**800** ist
800 tief.	**200** Sibirien.	**10** See	**500** sie

1, 2, 3

Zeitangaben	Sekunde	s
	Minute	min
	Stunde	h
	Tag	d
	Jahr	a
Längeneinheiten	Millimeter	mm
	Zentimeter	cm
	Dezimeter	dm
	Meter	m
	Kilometer	km
	Feet	ft (30,48 cm)
	Seemeilen	sm (1852,2 m)
Gewichtseinheiten	Milligramm	mg
	Gramm	g
	Kilogramm	kg
	Tonnen	t
	Pfund	Pfd (500 g)
Geldeinheiten	Cent	ct
	Euro	€
	Dollar	($)
	Yen	(¥)
	Pound	(£)
Temperatureinheiten	Grad Celsius	°C
	Grad Fahrenheit	°F

4

Energiegehalt:	Kalorie (cal), Joule (J)
Hohlmaße/Volumen:	Liter (l), Milliliter (ml)
Flächeninhalt:	Quadratmeter (m^2), Hektar (ha), Quadratzentimeter (cm^2)
Strom:	Watt (W), Volt (V), Kilowattstunden (kWh)
Geschwindigkeit:	Stundenkilometer (km/h)
Strecken:	Lichtjahr (ly, englisch: lightyear)

❶ Ergänze Meter (m), Kilometer (km) oder Zentimeter (cm).

Höhe einer Tür	2 **m**
Länge eines Autos	4 **m**
Runde im Stadion	400 **m**
Entfernung Hamburg–München	800 **km**
Länge eines Filzstifts	18 **cm**
Größe eines Erwachsenen	1,75 **m**

❷ Ergänze Gramm (g), Kilogramm (kg) oder Tonne (t).

Tafel Schokolade	100 **g**
Tüte Zucker	1 **kg**
Paket Butter	250 **g**
unser Mathematikbuch	250 **g**
Briefmarke	1 **g**
Giraffe	1 **t**

M 2.3 Lösungen

❶ Ergänze Minuten (min), Sekunden (s) oder Stunden (h).

Spielfilm	1,5 **h**
Zeit, in der man von 21 bis 80 zählt	1 **min**
große Pause	15 **min**
Schulstunde	45 **min**
Atemzug	1 **s**
Fußballspiel	90 **min**

❷ Ergänze Liter (l) oder Milliliter (ml).

kleiner Eimer	5 **l**
Badewanne	200 **l**
kleines Glas Milch	150 **ml**
große Flasche Limo	2 **l**
Trinkpäckchen	200 **ml**
kleine Flasche Limo	500 **ml**

❸ Ergänze Cent (ct) oder Euro (€).

ein Brötchen	50 **ct**
Tüte Gummibärchen	80 **ct**
eine Jeans	39,90 **€**
Packung Kaugummi	80 **ct**
ein iPod-Shuffle	40 **€**
Computerspiel	19,95 **€**

Zeitungsmeldung im Winter 2007:
Mit 122 Jahren ist die Französin Jeanne Louise Calment der derzeit älteste Mensch der Welt. Ihr Rezept? Sie liebt Rotwein, Gesang und das Leben, bleibt regelmäßig zwei Tage wach und schläft dann zwei weitere Tage durch.

Jeanne Louise Calment, © dpa-Fotoreport

❶ **Trage ein:**

Welche Fragen beantwortet der Text direkt (d)?

Für welche muss man rechnen (r)?

Welche Fragen beantwortet er gar nicht (n)?

1. Wie alt ist der älteste Mensch der Welt 2007? ☐
2. Was ist die Lieblingsmusik von Jeanne Louise Calment? ☐
3. Wie viele Kinder und Enkelkinder hat sie? ☐
4. Wie viele Stunden schläft sie hintereinander? ☐
5. In welchem Jahr wurde sie geboren? ☐
6. Wie viele Stunden sind vergangen, wenn sie zwei Tage hintereinander wach bleibt und danach zwei Tage schläft? ☐

❷ **Beantworte die Fragen, die du mit (d) und (r) gekennzeichnet hast.**

6,6 Kilo schweres Baby

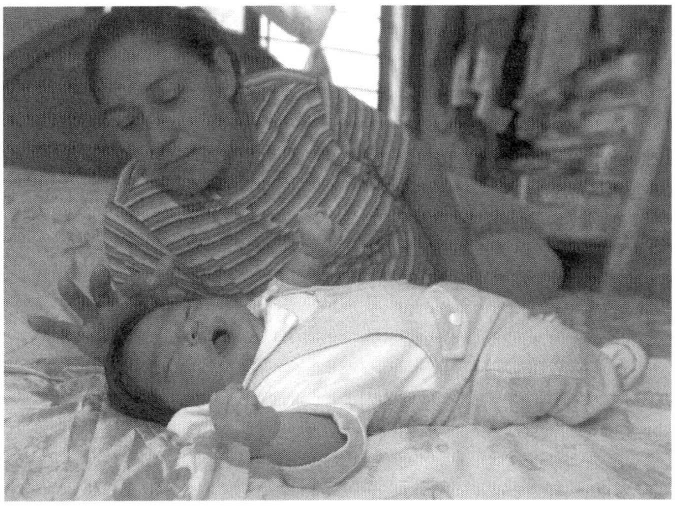

© dpa-Fotoreport

In Mexiko kam im Februar 2007 ein Riesenbaby zur Welt. Mit 6,6 Kilogramm wog Antonio doppelt so viel wie normale Neugeborene. Viele Einwohner eilten zur Kinderklinik, sie wollten das Riesenbaby sehen. „Super Tonio", wie das Baby auch genannt wird, wurde an einem Montag geboren. Er war 55 Zentimeter lang. Alle drei Stunden trank er 150 Milliliter Milch.

Die stolzen Eltern waren überglücklich, auch wenn es keinen Eintrag ins Guinessbuch der Rekorde gab. Sie sagten, auch ihre inzwischen sieben Jahre alte Tochter hätte bei ihrer Geburt 5,2 Kilogramm gewogen. Als bislang schwerstes Baby der Welt gilt ein 1955 in Italien geborener Junge. Er brachte es auf 10,2 Kilogramm.

1 Trage ein:

Welche Fragen beantwortet der Text direkt (d)?

Für welche muss man rechnen (r)?

Welche Fragen beantwortet er gar nicht (n)?

1. Wie schwer war Antonio bei seiner Geburt?
2. Wie groß war Antonio bei seiner Geburt?
3. Wie alt sind Antonios Eltern?
4. Wie viele Geschwister hat Antonio?
5. Wie viel Milch trinkt das Baby täglich?
6. In welchem Jahr wurde Antonios Schwester geboren?
7. Wie viel wog das schwerste Baby der Welt?
8. Wie viel Gramm wiegt ein normales Baby bei der Geburt?

2 Beantworte die Fragen, die du mit (d) und (r) gekennzeichnet hast.

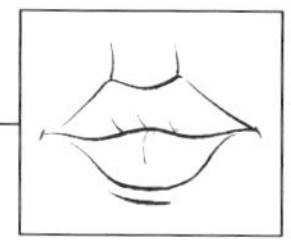

Eine Kindheit auf dem Müll

© gettyimages

Barfuß und in Lumpen läuft Maria über die 500 mal 500 Meter große Müllhalde.

Die Abendsonne in der brasilianischen Stadt Sao Paulo färbt alles in ein unwirkliches Licht. Auch nach acht Stunden Arbeit stürzt sich Maria mit 20 anderen Kindern in die Lawine von Unrat, die ein Laster abgekippt hat.

Blech zu Blech, Plastik zu Plastik, Papier zu Papier. Blitzschnell sortiert Maria das stinkende Zeug in Tüten.

Mit ihren vier Geschwistern und ihren Eltern lebt Maria vom Müll und im Müll. Am Tag verdient sie 3 Real, etwa 2,30 EUR. Zur Schule geht Maria nicht. Dazu braucht sie einen Geburtsschein – und der kostet 30 Real. Maria muss arbeiten, die Familie braucht das Geld.

Nur hundert Meter von der Müllhalde entfernt lebt sie mit ihrer Familie in einem Bretterverschlag – ohne Betten, ohne Wasser und ohne Toilette.

Beantworte folgende Fragen.

1. In welchem Land lebt Maria?
2. Wie alt ist sie?
3. Wie viele Geschwister hat sie?
4. Wie sieht ihr Zuhause aus?
5. Wie viele Kinder arbeiten mit ihr?
6. Was macht Maria genau?
7. Wie viel verdient Maria am Tag?
8. Warum geht sie nicht zur Schule?
9. Wie viel € verdient Maria in der Woche, wenn sie jeden Tag arbeitet?

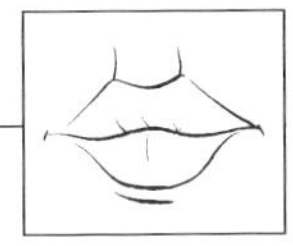

Gute Nacht!

Wer sich den längsten Kinofilm der Welt ansehen will, braucht eine Menge Sitzfleisch. „The Cure for Insomnia" heißt der Film. Seine erste Aufführung (Premiere) begann am 31. Januar 1987 und endete am 2. Februar 1987 in Chicago. Genau 87 Stunden dauerte die Vorführung.

Ein Actionfilm ist das Werk nicht. Der Künstler Lee Groban liest ein mehr als 4000 Seiten langes Gedicht vor. Unterbrochen wird der Vortrag nur von Video- und Musikclips.

Eigentlich ist es gar nicht möglich, sich den Film anzusehen, ohne einzuschlafen. Deshalb passt der Filmtitel auch prima. Übersetzt heißt er „Das Heilmittel gegen Schlaflosigkeit".

1 Trage ein:

Welche Fragen beantwortet der Text direkt (d)?

Für welche muss man rechnen (r)?

Welche Fragen beantwortet er gar nicht (n)?

1. Wie viele Minuten dauert der längste Film?
2. Was passiert in dem Film?
3. Wie viele Seiten hat das Gedicht?
4. Warum hilft der Film gegen Schlaflosigkeit?
5. Vor wie vielen Jahren wurde der Film zum ersten Mal gezeigt?
6. In welcher Stadt wurde der Film gezeigt?

2 Beantworte die Fragen, die du mit (d) und (r) gekennzeichnet hast.

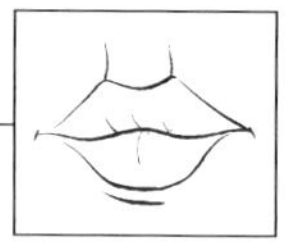

Hunderekorde aus den USA

Mit 10,16 Zentimetern ist der kleinste Hund der Welt ungefähr so groß wie ein Riegel Schokolade. Und so süß ist das Chihuahua-Mädchen Boo Boo auch, findet zumindest Besitzerin Lana Elswick aus dem US-Bundesstaat Kentucky. Ebenfalls aus den USA kommt der größte Hund der Welt, die Deutsche Dogge Gibson. Sie misst 1,07 Meter. Während Gibson als Therapiehund kranken Kindern hilft, führt Boo Boo ein Luxusleben: Nach dem Frühstück aus Truthahn und Erbsen dämmert das Tier im eigenen Bett dem Mittag entgegen. Die mit 43 Zentimetern längste Hundezunge gehörte übrigens der Boxerin Brandy, die 2002 in Michigan starb.

© Eric.Isselée – Fotolia.com

1 Trage ein:

Welche Fragen beantwortet der Text direkt (d)?

Für welche muss man rechnen (r)?

Welche Fragen beantwortet er gar nicht (n)?

1. Wie groß ist Boo Boo?
2. Wie lange ist Brandy schon tot?
3. Wie viele cm ist Gibson größer als Boo Boo?
4. Was frisst Boo Boo gern?
5. Welche Aufgabe hat Gibson?
6. Zu welcher Hunderasse gehört Boo Boo?

2 Beantworte die Fragen, die du mit (d) und (r) gekennzeichnet hast.

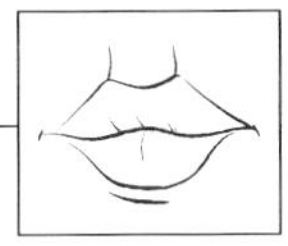

1. Wie alt ist der älteste Mensch der Welt 2007? (d)

2007 war der älteste Mensch der Welt 122 Jahre alt.

2. Was ist die Lieblingsmusik von Jeanne Louise Calment? (d)

Ihre Lieblingsmusik ist Gesang.

3. Wie viele Kinder und Enkelkinder hat sie? (n)

4. Wie viele Stunden schläft sie hintereinander? (r)

1 Tag = 24 Stunden

2 Tage = 2 · 24 Stunden = 48 Stunden

Sie schläft 48 Stunden hintereinander.

5. In welchem Jahr wurde sie geboren? (r)

2007 – 122 = 1885

Sie wurde im Jahr 1885 geboren.

6. Wie viele Stunden sind vergangen, wenn sie zwei Tage hintereinander wach bleibt und danach zwei Tage schläft? (r)

48 h + 48 h = 96 h

Es sind dann 96 Stunden vergangen.

M 3.2 Lösungen

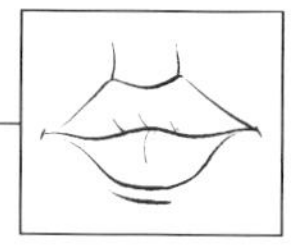

1. Wie schwer war Antonio bei seiner Geburt? (d)

   Er war 6,6 kg schwer.

2. Wie groß war Antonio bei seiner Geburt? (d)

   Er war 55 cm groß.

3. Wie alt sind Antonios Eltern? (n)

4. Wie viele Geschwister hat Antonio? (d)

   Er hat eine Schwester.

5. Wie viel Milch trinkt das Baby täglich? (r)

   24 Stunden : 3 = 8

   8 · 150 ml = 1200 ml = 1,2 l

   Es trinkt am Tag 1,2 Liter Milch.

6. In welchem Jahr wurde Antonios Schwester geboren? (r)

   2007 – 7 = 2000

   Antonios Schwester wurde im Jahr 2000 geboren.

7. Wie viel wog das schwerste Baby der Welt? (d)

   Das schwerste Baby der Welt wog 10,2 kg.

8. Wie viel Gramm wiegt ein normales Baby bei der Geburt? (r)

   6,6 kg : 2 = 3,3 kg

   Ein normales Baby wiegt bei der Geburt ca. 3,3 kg.

M 3.3 Lösungen

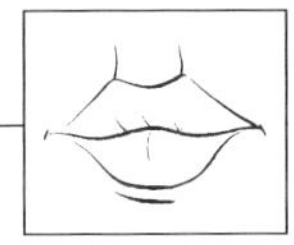

1. In welchem Land lebt Maria?

   Sie lebt in Brasilien.

2. Wie alt ist sie?

3. Wie viele Geschwister hat sie?

   Sie hat vier Geschwister.

4. Wie sieht ihr Zuhause aus?

   Sie lebt in einem Bretterverschlag ohne Bett, Wasser und Toilette.

5. Wie viele Kinder arbeiten mit ihr?

   Es arbeiten 20 Kinder mit ihr.

6. Was macht Maria genau?

   Sie sortiert Müll.

7. Wie viel verdient Maria am Tag?

   Sie verdient 2,30 € am Tag.

8. Warum geht sie nicht zur Schule?

   Die Familie braucht ihren Arbeitslohn zum Überleben.

   Der Geburtsschein, den man dazu braucht, ist zu teuer.

9. Wie viel € verdient Maria in der Woche, wenn sie jeden Tag arbeitet?

   2,30 € · 7 = 16,10 €

   Sie verdient 16,10 € in der Woche.

1. Wie viele Minuten dauert der längste Film? (r)

   1 h = 60 min

   87 h = 5220 min

   Der längste Film dauert 5220 Minuten.

2. Was passiert in dem Film? (d)

   Es wird ein Gedicht vorgelesen.

3. Wie viele Seiten hat das Gedicht? (d)

   Das Gedicht hat 4000 Seiten.

4. Warum hilft der Film gegen Schlaflosigkeit? (n)

5. Vor wie vielen Jahren wurde der Film zum ersten Mal gezeigt?

   2009–1987 = 22 (r)

   Der Film wurde vor 22 Jahren (Stand 2009) zum ersten Mal gezeigt.

6. In welcher Stadt wurde der Film gezeigt? (d)

   In Chicago

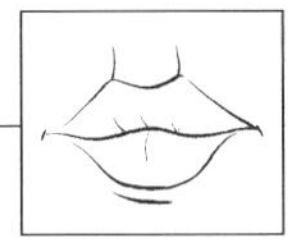

1. Wie groß ist Boo Boo? (d)

   Boo Boo ist 10,16 cm groß.

2. Wie lange ist Brandy schon tot? (r)

   2009 – 2002 = 7

   Brandy ist 7 Jahre tot (Stand 2009).

3. Wie viele cm ist Gibson größer als Boo Boo? (r)

   107 cm – 10,16 cm = 96,84 cm

   Gibson ist 96,84 cm größer.

4. Was frisst Boo Boo gern? (d)

   Er frisst gern Truthahn und Erbsen.

5. Welche Aufgabe hat Gibson? (d)

   Er hilft als Therapiehund kranken Kindern.

6. Zu welcher Hunderasse gehört Boo Boo? (d)

   Boo Boo gehört zur Rasse Chihuahua.

Gepard – schnellstes Säugetier der Welt

Im normalen Tempo legt man beim Wandern in der Stunde knapp ______ Kilometer zurück.

Ein guter Marathonläufer ist mit rund ______ Kilometern in der Stunde viermal so schnell und hält dieses Tempo etwa ______ Kilometer durch. Das ist schon eine ziemliche Leistung und entspricht der üblichen Marathonstrecke.

Für manche Tiere wäre das allerdings ein gemütlicher Dauerlauf. Der asiatische Esel etwa ist der Weltmeister im Dauerlauf bei den Säugetieren. Auf der Flucht erreicht er ein Tempo von 70 Kilometern in der Stunde, das er über mindestens ______ Kilometer halten kann.

Ähnlich schnell sind Wildpferde, verschiedene Antilopen und auch einige Raubtiere wie der Gepard. Er erreicht Spitzengeschwindigkeiten von bis zu ______ Kilometern in der Stunde und ist damit das schnellste Säugetier der Welt im Sprint.

Das langsamste Säugetier ist das Faultier: Für 20 Meter braucht es eine Stunde. Das sind in einer Minute gerade mal ungefähr ______ Zentimeter. Ein Rekord ist das allerdings auch.

Trage in jede Lücke die passende Zahl ein.

110 20 5 30 40 35

… MIT RUND ___ KM/H VIER MAL SO SCHNELL UND HÄLT DIESES TEMPO ETWA ___ KM.

5 20 40 110

Gehupft wie gesprungen

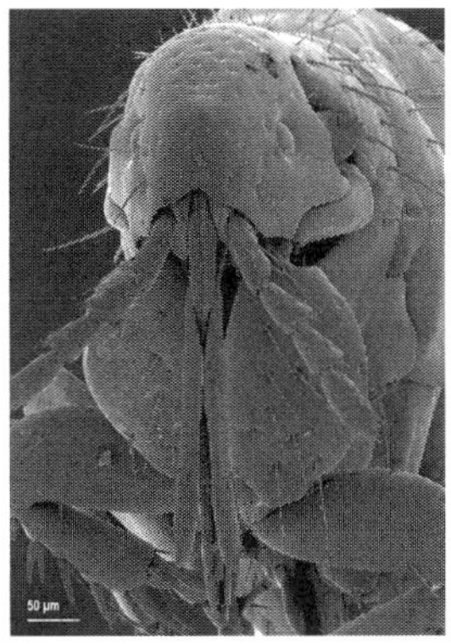

Floh, © dpa-Report

Unter den Weitspringern hat der Floh eine Goldmedaille verdient. Bei einer Körperlänge von ________ springt er aus dem Stand bis zu ________ hoch und weit. Das ist das ______________ seiner Körperlänge. Bei den Kängurus und Flöhen hüpfen beinahe alle Arten so meisterhaft. Das kann man von uns Menschen nicht sagen. Wer doppelt so weit springt, wie er lang ist, gilt schon als sportlich. Könnte ein Mensch so gut springen wie ein Floh, würde er es locker auf den Eiffelturm (________ mit Antenne) und höher schaffen.

Trage in jede Lücke die passende Zahl ein.

320 m   220-fache   2,5 mm   55 cm

Nicht größer als ein ·

Vogelspinne

Die kleinste Spinne auf Erden heißt Patu marplesi. Sie ist etwa so klein wie der Punkt am Ende dieses Satzes. Das bisher kleinste Exemplar wurde 1965 in der Mongolei in einer Höhe von ________ im Moos versteckt gefunden.

Es handelte sich um ein Männchen, das gerade einmal ________ maß. Da die Patu marplesi die kleinste Spinne der Welt ist, baut sie auch die kleinsten Netze der Welt. Die größte aller Spinnen ist die Riesenvogelspinne (Theraphosa blondi). Wenn sie ihre Beine von sich streckt, erreicht sie einen Durchmesser von bis zu ________. Ihr Körper ist ________ groß und mit Haaren bedeckt. Sie ernährt sich von Insekten, kann aber auch Mäuse fangen.

Trage in jede Lücke die passende Zahl ein.

14 cm   600 m   0,43 mm   30 cm

Die größte Blüte der Welt

Blühende Titanwurz-Pflanze, © dpa-Report

Sie ist riesig, wächst in rasendem Tempo und stinkt zum Himmel. Die Titanenwurz ist die größte Blume der Welt. Ihre Blüte kann über ________ hoch und ________ breit werden.

Die Riesenblume blüht in unregelmäßigen Abständen von mehreren Jahren. Die Titanenwurz im Botanischen Garten in Stuttgart erreichte 2005 mit ________ Weltrekordmaße.

Lange kann man die Blüte aber nicht sehen: gerade mal drei Tage. Am ersten Tag öffnet sich die Knospe der Titanenwurz. Am zweiten Tag steht sie in voller Blüte. Bereits am dritten Tag fällt sie wieder in sich zusammen. In der Wildnis nutzt die Pflanze die ________ Tage für die Fortpflanzung. Durch ihre Form, ihre braunlila Farbe und ihren Gestank, den man noch in ________ Entfernung riechen kann, imitiert die Blume das Aussehen und den Geruch eines verwesenden Tieres. So lockt sie kleine Käfer an, deren Larven sich von toten Tieren ernähren. Die Käfer kriechen den Blütenkelch hinab, um dort ihre Eier zu legen. Dabei übertragen sie den Pollen und bestäuben die Pflanzen. Die Larven der Käfer müssen nach dem Ausschlüpfen jedoch verhungern: Ihre Eltern haben sich von der Titanenwurz täuschen lassen.

Trage in jede Lücke die passende Zahl ein.

3 m   800 m   3,37 m   1,50 m   drei

…MIT RUND ___ KM/H VIER MAL SO SCHNELL UND HÄLT DIESES TEMPO ETWA ___ KM.
5 20 40 110

Harmloser Riese

Walhai, © dpa-Fotoreport

Der größte Hai sieht eher aus wie eine riesige Gurke, die gemächlich im Meer dümpelt. Für Menschen ist der Walhai absolut ungefährlich: Er ernährt sich von Plankton, Krebsen und Fischen, die er aus dem Wasser filtert.

Die Tiere können in einer Stunde bis zu ________ Wasser filtern. Sie saugen Wasser mit dem Maul an und pressen es durch die Kiemen. Die Kiemen sind mit einer Art Gitter aus Knorpel versehen. In diesem bleibt die Beute hängen. Die Tiere können bis zu ________ schwer und bis zu ________ lang werden und sind die größten Fische der Erde.

Weißer Hai, © Rick Sargeant – Fotolia.com

Unter den Haien, die auch dem Mensch gefährlich werden können, ist der Weiße Hai mit rund ________ Länge und über ________ Gewicht der größte Vertreter. Mit seinem riesigen Kiefer, gespickt mit messerscharfen Zähnen, zermalmt er Körper und Knochen seiner Opfer und bei der Jagd kann er bis zu ________ schnell schwimmen.

Der kleinste Hai ist mit ________ der Zwerghai.

Trage in jede Lücke die passende Zahl ein.

50 km/h 6000 l 6 m 20 t 3 t 20 cm 12 m

…MIT RUND ___ KM/H VIER MAL SO SCHNELL UND HÄLT DIESES TEMPO ETWA ___ KM.
5 20 40 110

Wolkenkratzer aus Schokolade

Es ist größer als eine Giraffe und aus purer Schokolade: Ein Hotelkoch zog in New York das höchste Schoko-Hochhaus der Welt in __________ hoch. Von der Schokoladenmenge, die er verbaute, würde selbst einem ________ schweren Elefanten schlecht.

Alain Roby ist ein Meister der Desserts, doch Mousse au Chocolat oder hauchzarte Crêpes reichen dem Koch offenbar nicht. Sein Interesse gilt schon lange auch der Schoko-Architektur.

Bei dem Schokoladen-Wolkenkratzer, der eine Mischung aus dem Rockefeller Center (________), dem Empire State Building (________) und dem Chrysler Building sein soll, ging es Roby vor allem um dessen Größe.

Und die ist beeindruckend: ________ misst das süße Kunstwerk. Mit seinem Team verbaute Roby dafür über ________ dunkle Schokolade – und legte dabei viel Wert auf Einzelheiten. Die Lichtspiegelungen in den Fenstern zum Beispiel hat Roby mit weißer Schokolade nachempfunden.

Trage in jede Lücke die passende Zahl ein.

30 Stunden 6,30 m 1 t 380 m 259 m 7000 kg

Susanne Riesselmann: Einfache Sachaufgaben zu verblüffenden Sachtexten

...MIT RUND ___ KM/H VIER MAL SO SCHNELL UND HÄLT DIESES TEMPO ETWA ___ KM.
5 20 40 110

Gigant der Lüfte

Airbus A 380, © Airbus

Die europäische Firma Airbus baut mit dem A 380 das größte Passagierflugzeug der Welt. In dem riesigen Flugzeug können bis zu ______ Passagiere transportiert werden – das sind mehr als doppelt so viele wie mit einem Jumbojet. Die Passagiere verteilen sich dabei auf zwei Stockwerke. Seit Anfang 2009 sind 13 Exemplare des Superfliegers im Einsatz. Dabei kann man sich gar nicht richtig vorstellen, dass so ein gigantisches Flugzeug überhaupt abheben kann: Der A 380 ist so lang wie ein Fußballfeld und so hoch wie ein fünfstöckiges Haus. Seine Tragflächen sind so riesig, dass bequem ______ Autos darauf parken könnten.

Der A 380 kann mit Passagieren und Gepäck bis zu 590 Tonnen wiegen, das sind __________ oder soviel wie 118 ausgewachsene afrikanische Elefantenkühe. Für seine Größe ist er damit sogar noch ziemlich leicht. Um das zu erreichen, haben die Flugzeugbauer alle möglichen Materialien aus der Weltraumforschung eingebaut.

Mit seinen riesigen Tanks und seinem relativ geringen Verbrauch kann der Gigant ohne Zwischenstopp von Frankfurt bis nach Australien fliegen. In Zahlen klingt das so: Er kann bis zu _______ Flugbenzin tanken und damit Strecken von bis zu __________ fliegen. Ebenso stolz wie die technischen Daten ist auch der Preis: Für einen A 380 muss der Kunde __________________________ zahlen.

Wer in _______ Höhe duschen möchte, bucht einen First-Class-Flug von Emirates. Die arabische Fluggesellschaft hat den Linienjet für Erste-Klasse-Passagiere mit Duschkabinen an Bord ausgerüstet. Um Wasser zu sparen, ist die Duschzeit auf _______ begrenzt. Für die fliegenden Duschen müssen pro Flug _______ Wasser mitgenommen werden. Das entspricht dem Gewicht von _______ Passagieren.

… MIT RUND ___ KM/H VIER MAL SO SCHNELL UND HÄLT DIESES TEMPO ETWA ___ KM.

5 20 40 110

Airbus A 380 Kabine, © Airbus

Zu den weiteren Annehmlichkeiten für die First-Class-Passagiere gehören private Räume mit Kleiderschränken, Minibar und Sitzen, die sich in über ________ lange Betten verwandeln lassen. Dazu gibt es Bettwäsche, Bettdecken, Kissen und einen Pyjama.

Weil der Airbus so groß und schwer ist, muss er erst einmal ordentlich Schwung holen, um abheben zu können – eine extra lange Startbahn ist da Pflicht. Solche Startbahnen gibt es in Deutschland nur in München und Frankfurt am Main. Andere Flughäfen wird das riesige Flugzeug deshalb auch nicht anfliegen können.

Trage in jede Lücke die passende Zahl ein.

10 000 m   850   280 Millionen US-Dollar   70   2 m

590 000 kg   500 l   310 000 l   7   15 000 km   5 min

...MIT RUND __ KM/H VIER MAL SO SCHNELL UND HÄLT DIESES TEMPO ETWA __ KM.
5 20 40 110

Gepard – schnellstes Säugetier der Welt

Im normalen Tempo legt man beim Wandern in der Stunde knapp **5** Kilometer zurück.

Ein guter Marathonläufer ist mit rund **20** Kilometern in der Stunde viermal so schnell und hält dieses Tempo etwa **40** Kilometer durch. Das ist schon eine ziemliche Leistung und entspricht der üblichen Marathonstrecke.

Für manche Tiere wäre das allerdings ein gemütlicher Dauerlauf.

Der asiatische Esel etwa ist der Weltmeister im Dauerlauf bei den Säugetieren. Auf der Flucht erreicht er ein Tempo von 70 Kilometern in der Stunde, das er über mindestens **30** Kilometer halten kann.

Ähnlich schnell sind Wildpferde, verschiedene Antilopen und auch einige Raubtiere wie der Gepard. Er erreicht Spitzengeschwindigkeiten von bis zu **110** Kilometern in der Stunde und ist damit das schnellste Säugetier der Welt im Sprint.

Das langsamste Säugetier ist das Faultier: Für 20 Meter braucht es eine Stunde. Das sind in einer Minute gerade mal ungefähr **35** Zentimeter.

Ein Rekord ist das allerdings auch.

...MIT RUND __ KM/H VIER MAL SO SCHNELL UND HÄLT DIESES TEMPO ETWA __ KM.
5 20 40 110

Gehupft wie gesprungen

Unter den Weitspringern hat der Floh eine Goldmedaille verdient. Bei einer Körperlänge von **2,5 mm** springt er aus dem Stand bis zu **55 cm** hoch und weit. Das ist das **220-fache** seiner Körperlänge. Bei den Kängurus und Flöhen hüpfen beinahe alle Arten so meisterhaft. Das kann man von uns Menschen nicht sagen. Wer doppelt so weit springt, wie er lang ist, gilt schon als sportlich. Könnte ein Mensch so gut springen wie ein Floh, würde er es locker auf den Eiffelturm (**320 m** mit Antenne) und höher schaffen.

Nicht größer als ein ·

Die kleinste Spinne auf Erden heißt Patu marplesi. Sie ist etwa so klein wie der Punkt am Ende dieses Satzes. Das bisher kleinste Exemplar wurde 1965 in der Mongolei in einer Höhe von **600 m** im Moos versteckt gefunden.

Es handelte sich um ein Männchen, das gerade einmal **0,43 mm** maß. Da die Patu marplesi die kleinste Spinne der Welt ist, baut sie auch die kleinsten Netze der Welt. Die größte aller Spinnen ist die Riesenvogelspinne (Theraphosa blondi). Wenn sie ihre Beine von sich streckt, erreicht sie einen Durchmesser von bis zu **30 cm**. Ihr Körper ist **14 cm** groß und mit Haaren bedeckt. Sie ernährt sich von Insekten, kann aber auch Mäuse fangen.

M 4.3 **Lösung**

…MIT RUND __ KM/H VIER MAL SO SCHNELL UND HÄLT DIESES TEMPO ETWA __ KM.
5 20 40 110

Die größte Blüte der Welt

Sie ist riesig, wächst in rasendem Tempo und stinkt zum Himmel. Die Titanenwurz ist die größte Blume der Welt. Ihre Blüte kann über **3 m** hoch und **1,50 m** breit werden.

Die Riesenblume blüht in unregelmäßigen Abständen von mehreren Jahren. Die Titanenwurz im Botanischen Garten in Stuttgart erreichte 2005 mit **3,37 m** Weltrekordmaße.

Lange kann man die Blüte aber nicht sehen: gerade mal drei Tage. Am ersten Tag öffnet sich die Knospe der Titanenwurz. Am zweiten Tag steht sie in voller Blüte. Bereits am dritten Tag fällt sie wieder in sich zusammen. In der Wildnis nutzt die Pflanze die **drei** Tage für die Fortpflanzung. Durch ihre Form, ihre braunlila Farbe und ihren Gestank, den man noch in **800 m** Entfernung riechen kann, imitiert die Blume das Aussehen und den Geruch eines verwesenden Tieres. So lockt sie kleine Käfer an, deren Larven sich von toten Tieren ernähren. Die Käfer kriechen den Blütenkelch hinab, um dort ihre Eier zu legen. Dabei übertragen sie den Pollen und bestäuben die Pflanzen. Die Larven der Käfer müssen nach dem Ausschlüpfen jedoch verhungern: Ihre Eltern haben sich von der Titanenwurz täuschen lassen.

...MIT RUND ___ KM/H VIER MAL SO SCHNELL UND HÄLT DIESES TEMPO ETWA ___ KM.
5 20 40 110

Harmloser Riese

Der größte Hai sieht eher aus wie eine riesige Gurke, die gemächlich im Meer dümpelt. Für Menschen ist der Walhai absolut ungefährlich: Er ernährt sich von Plankton, Krebsen und Fischen, die er aus dem Wasser filtert.

Die Tiere können in einer Stunde bis zu **6000 l** Wasser filtern. Sie saugen Wasser mit dem Maul an und pressen es durch die Kiemen. Die Kiemen sind mit einer Art Gitter aus Knorpel versehen. In diesem bleibt die Beute hängen. Die Tiere können bis zu **20 t** schwer und bis zu **12 m** lang werden und sind die größten Fische der Erde.

Unter den Haien, die auch dem Mensch gefährlich werden können, ist der Weiße Hai mit rund **6 m** Länge und über **3 t** Gewicht der größte Vertreter. Mit seinem riesigen Kiefer, gespickt mit messerscharfen Zähnen, zermalmt er Körper und Knochen seiner Opfer und bei der Jagd kann er bis zu **50 km/h** schnell schwimmen. Der kleinste Hai ist mit **20 cm** der Zwerghai.

...MIT RUND __ KM/H VIER MAL SO SCHNELL UND HÄLT DIESES TEMPO ETWA __ KM.
5 20 40 110

Wolkenkratzer aus Schokolade

Es ist größer als eine Giraffe und aus purer Schokolade: Ein Hotelkoch zog in New York das höchste Schoko-Hochhaus der Welt in **30 Stunden** hoch. Von der Schokoladenmenge, die er verbaute, würde selbst einem **7000 kg** schweren Elefanten schlecht.

Alain Roby ist ein Meister der Desserts, doch Mousse au Chocolat oder hauchzarte Crêpes reichen dem Koch offenbar nicht. Sein Interesse gilt schon lange auch der Schoko-Architektur.

Bei dem Schokoladen-Wolkenkratzer, der eine Mischung aus dem Rockefeller Center (**259 m**), dem Empire State Building (**380 m**) und dem Chrysler Building sein soll, ging es Roby vor allem um dessen Größe.

Und die ist beeindruckend: **6,30 m** misst das süße Kunstwerk. Mit seinem Team verbaute Roby dafür über **1 t** dunkle Schokolade – und legte dabei viel Wert auf Einzelheiten. Die Lichtspiegelungen in den Fenstern zum Beispiel hat Roby mit weißer Schokolade nachempfunden.

Gigant der Lüfte

Die europäische Firma Airbus baut mit dem A 380 das größte Passagierflugzeug der Welt. In dem riesigen Flugzeug können bis zu **850** Passagiere transportiert werden – das sind mehr als doppelt so viele wie mit einem Jumbojet. Die Passagiere verteilen sich dabei auf zwei Stockwerke. Seit Anfang 2009 sind 13 Exemplare des Superfliegers im Einsatz. Dabei kann man sich gar nicht richtig vorstellen, dass so ein gigantisches Flugzeug überhaupt abheben kann: Der A 380 ist so lang wie ein Fußballfeld und so hoch wie ein fünfstöckiges Haus. Seine Tragflächen sind so riesig, dass bequem **70** Autos darauf parken könnten.

Der A 380 kann mit Passagieren und Gepäck bis zu 590 Tonnen wiegen, das sind **590 000 kg** oder soviel wie 118 ausgewachsene afrikanische Elefantenkühe. Für seine Größe ist er damit sogar noch ziemlich leicht. Um das zu erreichen, haben die Flugzeugbauer alle möglichen Materialien aus der Weltraumforschung eingebaut.

Mit seinen riesigen Tanks und seinem relativ geringen Verbrauch kann der Gigant ohne Zwischenstopp von Frankfurt bis nach Australien fliegen. In Zahlen klingt das so: Er kann bis zu **310 000 l** Flugbenzin tanken und damit Strecken von bis zu **15 000 km** fliegen. Ebenso stolz wie die technischen Daten ist auch der Preis: Für einen A 380 muss der Kunde **280 Millionen US-Dollar** zahlen.

Wer in **10 000 m** Höhe duschen möchte, bucht einen First-Class-Flug von Emirates. Die arabische Fluggesellschaft hat den Linienjet für Erste-Klasse-Passagiere mit Duschkabinen an Bord ausgerüstet. Um Wasser zu sparen, ist die Duschzeit auf **5 min** begrenzt. Für die fliegenden Duschen müssen pro Flug **500 l** Wasser mitgenommen werden. Das entspricht dem Gewicht von **7** Passagieren.

Zu den weiteren Annehmlichkeiten für die First-Class-Passagiere gehören private Räume mit Kleiderschränken, Minibar und Sitzen, die sich in über **2 m** lange Betten verwandeln lassen. Dazu gibt es Bettwäsche, Bettdecken, Kissen und einen Pyjama.

Weil der Airbus so groß und schwer ist, muss er erst einmal ordentlich Schwung holen, um abheben zu können – eine extra lange Startbahn ist da Pflicht. Solche Startbahnen gibt es in Deutschland nur in München und Frankfurt am Main. Andere Flughäfen wird das riesige Flugzeug deshalb auch nicht anfliegen können.

Finde die Fehler im Text: Streiche falsche Angaben durch und verbessere sie.

Frühling

Der Frühling beginnt am 21. März und endet am 21. Juni.

Er dauert also etwa vier Monate.

Die Tage sind kurz und die Nächte lang.

Im Frühling gibt es viele Feste wie Pfingsten und Ostern.

Am 1. Mai machen viele Leute Scherze, um andere in den April zu schicken.

Am 1. April ist immer schulfrei.

Ein anderer schulfreier Tag im Frühling ist Fronleichnam.

Im Frühling gibt es mehr schulfreie Tage als Schultage.

Außerdem gibt es im Frühling mehr Nächte als Tage.

Wenn der Frühling vorbei ist, dauert es höchstens noch sechs Wochen bis zu den Sommerferien.

❶ Was könnte stimmen? Markiere.

1. Zehn Brötchen kosten beim Bäcker …

   A: 3 €   B: 8,90 €   C: 1,50 €

2. Paul schwimmt in 10 Minuten …

   A: 300 m   B: 30 cm   C: 3000 m

3. Im vollen Tank eines Autos sind ca. …

   A: 500 l   B: 240 l   C: 60 l

4. Leas Einkaufstasche wiegt …

   A: 500 g   B: 3,5 kg   C: 13 kg

❷ Kann das stimmen? Begründe deine Antwort.

1. Aus der Zeitung: „Ein Mensch schläft täglich 36 000 Sekunden."

   ____

   ____

2. Unter den Tieren gibt es richtige Langschläfer und Tiere, die mit wenig Schlaf auskommen. Löwen etwa dösen bis zu 20 Stunden am Tag. Giraffen schlafen nur 10 Minuten täglich. In einem Jahr schläft die Giraffe gerade mal 56 Stunden, der Löwe dagegen 31 200 Stunden.

   ____

   ____

3. Ein 10-jähriges Kind hat schon fast 4000 Nächte geschlafen.

   ____

   ____

Kann das stimmen? Begründe deine Antwort.

1. In ein Fußballstadion passen ungefähr 60 000 Menschen.

2. 2 280 000 Briefe werden täglich in Berlin zugestellt. Aufeinandergestapelt ergibt das 4500 Meter – höher als das Matterhorn (4478 m).

3. Auf einer DIN-A5-Rechenheft-Seite ohne Rand sind 1000 Kästchen.

4. Im Südatlantik ist ein Eisberg von der Größe des Saarlandes entdeckt worden. Der Koloss hat eine Oberfläche von etwa 2500 Quadratkilometern und befindet sich etwa 600 Kilometer südlich der Falkland-Inseln. Ganz in der Nähe befindet sich ein zweiter Eisberg mit einer Oberfläche von 1900 Quadratkilometern. In beiden Fällen handelt es sich um Packeis, das sich gelöst hat.

5. In 5 Minuten kann man bis 1000 zählen.

6. Ein Teebeutel enthält 3 g Tee. Aus 150 kg Tee lassen sich 50 000 Teebeutel herstellen.

7. Eine Zeitung meldete: Am vergangenen Sonntag ereignete sich in Deutschland alle drei Minuten ein Unfall. Insgesamt passierten 480 Unfälle.

8. Lilli sagt: „Ich habe heute 72 000 Sekunden Hausaufgaben gemacht." Unmöglich – oder?

9. Vor fünf Jahren fuhr noch jeder zehnte Autofahrer zu schnell. Mittlerweile tut das nur noch jeder fünfte. Doch auch fünf Prozent sind noch zu viel. Die Schnellfahrer müssen deshalb mit hohen Geldbußen rechnen.

10. Schnurrbärte sind für Biertrinker ein teurer Luxus. Das haben britische Wissenschaftler herausgefunden. Dazu haben sie gemessen, wie viel Bier bei einem Schluck im Bart hängen bleibt: Es sind 0,56 Milliliter. Bei einem durchschnittlichen Konsum von 100 Litern kostet das die schnauzbärtigen Biertrinker pro Jahr gut 50 €. Jährlich kippen sich die Briten auf diese Weise 160 000 große Gläser Bier in den Bart.

M 6.1

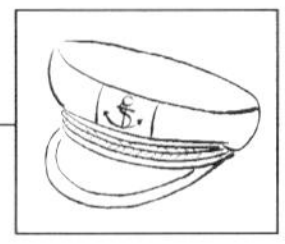

❶ In einer Schäferei gibt es 125 Schafe und 5 Hunde.
Wie alt ist der Schäfer?

❷ Eine Wand von 6 m Länge soll mit einer Spezialtapete tapeziert werden. Die Tapete ist 1 m breit.
Die Wand ist 3,65 m hoch. Wie viele Bahnen braucht man?

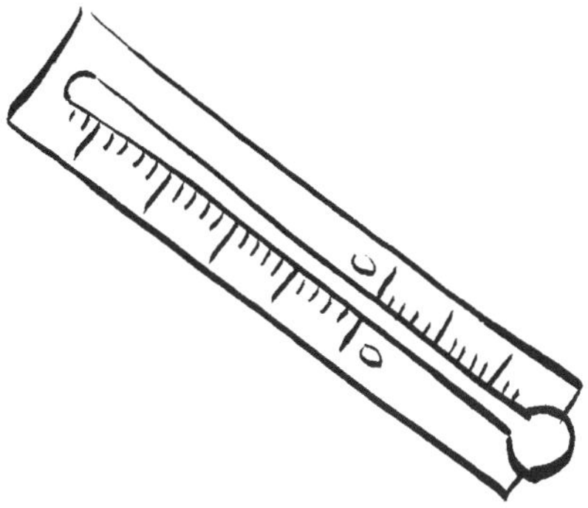

❸ Auf dem Herd steht ein Topf mit Wasser. Nach 20 Minuten kocht das Wasser bei 100 °C. Wie lange muss der Topf auf dem Herd stehen bleiben, damit das Wasser 200 °C heiß wird?

❹ Ein Thermometer zeigt 3 °C an. Es ist ziemlich kalt. Wie viele Thermometer braucht man, damit es 15 °C warm wird?

❺ Springer A springt 3,05 m.
Springer B springt 3,10 m.
Springer C springt 3,15 m.
Wie weit springt Springer D?

❻ In einem Radio, das in Deutschland hergestellt wird, kann man deutschsprachige Sendungen empfangen.
Welche Sprache kann man in einem Radio hören, das in Polen hergestellt wird?

❼ Auf einem Foto von der Größe 50 cm^2 befinden sich 7 Personen.
Wie viele Personen kann man sehen, wenn das Foto 100 cm^2 groß ist?

❽ Auf einer Weide befinden sich 10 Schafe. Der Zaun um diese Weide ist 32 m lang.
Wie lang muss der Zaun sein, wenn sich 20 Schafe auf der Weide befinden?

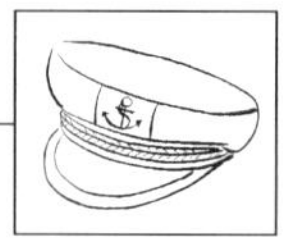

❶ Ein 2 Jahre altes Auto ist 220 km/h schnell.
Wie schnell kann es sein, wenn es 4 Jahre alt ist?

❷ Jan läuft die 200 m in 35 Sekunden.
Peter behauptet: „Ich laufe doppelt so schnell wie du!"
Wie viele Sekunden braucht Peter?

❸ Um ein Frühstücksei zu kochen, braucht man 4 Minuten.
Wie lange dauert es, wenn man für eine vierköpfige Familie Eier kochen will?

❹ Zwei Arbeiter brauchen 10 Stunden, um einen Brunnen auszuheben.
Wie lange brauchen 1000 Arbeiter?

❺ Um ein Bild für die große leere Wand in der Aula zu malen, benötigen drei Schülerinnen 12 Stunden.
In welcher Zeit haben 6 Jungen das gleiche Bild fertig?

❻ Auf einem Schiff sind 744 Schafe.
146 Schafe fallen ins Wasser.
Wie viele sind noch auf dem Schiff?

❼ Im Klassenraum sind 7 Reihen mit je 5 Tischen.
Wie alt ist die Lehrerin?

❽ Auf einer Musik-CD befinden sich 9 einzelne Lieder. Alle Lieder zusammen haben eine Spielzeit von 63 Minuten.
Welche Spielzeit hat die gesamte CD?

Xi Shun passt durch keine Tür

Xi Shun, © dpa

Manchmal kneifen ihn Leute auf der Straße einfach in die Waden. Xi Shun kennt das. Die Leute tun das, weil sie wissen wollen, ob seine endlos langen Beine Stelzen sind. Sind sie nicht: Der Chinese ist der größte Mann der Welt: Von den Füßen (**Schuhgröße 57**) bis zum Scheitel misst er **2,36 m**. Seine Hände sind Pranken, groß wie **DIN-A4**-Blätter.

Will man mit ihm reden, muss man den Kopf in den Nacken legen. Xi Shun ist so groß, dass er sich in vielen Wohnungen den Kopf an der Decke stoßen würde.

Die meisten Räume sind schließlich nur **2,30 m** hoch. Der **57 Jahre** alte Xi Shun (Stand 2009) bewegt sich wacklig wie eine Marionette. Er meidet Treppen und geht am Stock. Seine Knochen machen ihm Probleme: Sie sind viel zu weich.

Als er 2006 zu Gast in Berlin war, ließ sich der **165 kg** schwere Mann in einem VW-Bus herumkutschieren: Von der Rückbank aus streckte er seine Beine gemütlich nach vorn.

Bis vor **zwei Jahren** war der Riese Ziegenhirte in China. Seine Eltern wunderten sich über ihren riesigen Sohn – der Vater ist nur **1,80 m** groß (dafür aber immerhin schon **94 Jahre** alt), seine Mutter nur **1,60 m**. Sie musste für ihren Jungen alles nähen – passende Kleidung gab es nicht.

Heute verdient Xi Shun sein Geld mit Auftritten als größter Mann der Welt. Und die Liebe? Eine Freundin hatte er noch nie. „Ich bin zu schüchtern", sagt er. Xi Shun wohnt allein in einem Haus, lässt sich seine Kleidung und seine Schuhe extra anfertigen. Auch das **zwei mal drei Meter** große Bett ist eine Spezialanfertigung.

Neulich rettete der größte Mann der Welt sogar zwei Delfinen das Leben. Die Tiere hatten Plastikstücke aus den Wänden eines Schwimmbeckens abgekaut und verschluckt. Sie konnten nichts mehr fressen, wurden immer schwächer.

Die Tierärzte holten Xi Shun. Er griff mit seinem **1,06 m** langen Arm in den Schlund der Delfine und holte die Plastikteile aus den Mägen.

Xi Shun bekommt neue Schuhe, © dpa

1*

Welche Schuhgröße hat Xi Shun?

2*

Aus welchem Land kommt Xi Shun?

3*

Welchen Beruf hat Xi Shun?

4*

Wie groß ist das Bett von Xi Shun?

5*

Wie alt ist Xi Shun?

6*

Wie groß ist der größte Mann der Welt?

7*

Warum waren die Delfine in Lebensgefahr?

8*

Wie lang sind die Arme von Xi Shun?

1**

Wie viele Jahre jünger bist du als Xi Shun?

2**

Wie viele cm ist Xi Shun größer als du?

3**

Wie viele kg leichter bist du als Xi Shun?

4**

Wie viele cm größer als sein Vater ist Xi Shun?

5**

Sind die Eltern von Xi Shun zusammen größer als er?

6**

Ein 14-jähriger wiegt etwa 50 kg. Wie viele kg schwerer ist Xi Shun?

7**

Wie viele Schuhgrößen mehr als du hat Xi Shun?

8**

Wie viel kleiner als Xi Shun ist ein Mann von 1,85 m?

1***

In welchem Jahr
ist Xi Shun geboren?

2***

Kann der größte Mann
der Welt bequem
in einem Bett schlafen?

3***

Wie als ist
Xi Shuns Mutter?

4***

Kann Xi Shun einen
Fahrstuhl benutzen?

5***

Wie alt war Xi Shun
als du geboren wurdest?

6***

Was isst der größte Mann
der Welt gern?

7***

Was meinst du: Könnte
Xi Shun gut Basketball
spielen?

8***

Beschreibe: Wie ist es
für Xi Shun, mit dem
Bus zu fahren?

Luftdichte Fahrstühle im Taipeh 101

Taipei Financial Center, © Holger Mette – Fotolia.com

509 Meter hoch ist das „Taipei Financial Center". Da es 101 Stockwerke hat, wird es auch „Taipei 101" genant. Es wurde ab 1995 in Taipeh, der Hauptstadt Taiwans, gebaut und 2004 eröffnet. Das Gebäude steht auf einem Fundament aus 9000 Tonnen Stahl und 26000 Kubikmetern Beton und ruht auf 557 Betonpfeilern. Gekostet hat es 1,6 Milliarden Euro. Tag für Tag gehen hier mehr als 10000 Menschen zur Arbeit. Niemand muss länger als 30 Sekunden auf einen der 63 Aufzüge warten. Damit man schnell alle Stockwerke erreichen kann – die Fahrt in den 89. Stock dauert nur 39 Sekunden – haben sich die Bauingenieure etwas Besonderes einfallen lassen: luftdichte Fahrstühle. Und die funktionieren so: Um den Druck zwischen den Etagen auszugleichen, wird Luft aus den Fahrstuhlkabinen abgesaugt. Da der Luftdruck mit zunehmender Höhe abnimmt, wird die Luft aus der Fahrstuhlkabine abgesaugt und so an den Außenluftdruck angepasst. Dadurch merken die Fahrstuhl-Nutzer nichts von der schnellen Luftdruck-Veränderung.

Ohne diesen Trick würden die Menschen die Höhenunterschiede spüren, indem ihnen die Ohren zugehen und sie alles gedämpft hören. Das fühlt sich so an, als ob man von einem Berg ins Tal saust oder in einem startenden Flugzeug sitzt. Das Trommelfell im Ohr reagiert empfindlich auf Veränderungen im Luftdruck. Sinkt der Luftdruck schnell ab, ist der Druck im Ohr – also hinter dem Trommelfell – höher als davor. Das Trommelfell spannt sich nach außen. Und das kann ganz schön wehtun. Durch Schlucken kann man den Druck durch die Stirnhöhlen ableiten und das Trommelfell damit entspannen.

Auch die Erdbeben haben die Bauherren bedacht. Bis zu 200 gibt es davon jedes Jahr in Taiwan. Der Wolkenkratzer soll aber davor sicher sein. Im 92. Stockwerk ist eine riesige Stahlkugel aufgehängt – so schwer wie 40 große Lastwagen. Wenn die Erde bebt und das Hochhaus schwankt, beginnt die Kugel zu schwingen: Sie nimmt die Erdbebenstöße auf und verhindert so, dass das Hochhaus umkippt.

1*

Wie hoch ist das Taipeh 101?

2*

In welchem Land steht der Wolkenkratzer?

3*

Wie viele Stockwerke hat das Taipeh 101?

4*

In welchem Stockwerk hängt die Stahlkugel?

5*

Was ist das Besondere an den Fahrstühlen?

6*

Wie viele Erdbeben gibt es in Taiwan im Jahr?

7*

Wie schwer ist die Stahlkugel?

8*

Wie lange dauert eine Fahrt in den 89. Stock?

1**

Wie viele Jahre gibt es das Taipeh 101 schon?

2**

In Taiwan gibt es in einem Vierteljahr ca. 50 Erdbeben. Stimmt das?

3**

In welchem Jahr begannen die Bauarbeiten?

4**

Wie viele Nullen hat die Zahl 1,6 Milliarden?

5**

Warum schmerzt das Trommelfell bei Höhenunterschieden?

6**

Woraus besteht das Fundament und worauf steht es?

7**

Wie soll die Stahlkugel Erdbeben verhindern?

8**

Wie viele Menschen gehen jeden Monat im Taipeh ein und aus?

1***

Wie heißt das höchste Gebäude der Welt?

2***

Schätze: Wie schwer sind 40 Lastwagen?

3***

Wie lange dauert eine Fahrt vom Erdgeschoss in den zehnten Stock?

4***

Wie viele Menschen passen in einen Fahrstuhl?

5***

Was kannst du in 39 Sekunden machen?

6***

Warum baut man solche riesigen Wolkenkratzer?

7***

Wie kann man den Druck auf das Trommelfell ausgleichen?

8***

Warum sind die Fahrstühle so schnell?

Ganz schön haarig!

Rund **fünf Millionen** Haare hat der Mensch auf seinem Körper – doch davon sind ihm die **100000 bis 150000**, die er auf dem Kopf trägt, die wichtigsten. Jedenfalls treibt er mit ihnen den größten Aufwand: Die Pracht soll schließlich richtig sitzen. Werden die Haare grau oder fallen aus, ist der Ärger groß.

Dabei sind Haare nur dünne Eiweißfäden. Sie bestehen wie Finger- und Fußnägel aus Horn. Das sind abgestorbene Zellen, die aus der Haut ragen. Horn ist sehr stabil: An ein einziges Haar könnte man ein Gewicht von **180 Gramm** hängen, ohne dass es reißt. Dabei ist ein Haar so dünn, dass **1500** in einen Strohhalm passen würden.

Rund **einen Zentimeter** wächst ein Kopfhaar pro Monat. Alle Haare zusammen bringen es im Monat auf **einen Kilometer**. Länger als **80 Zentimeter** wird ein einzelnes Haar selten. Meist hören die Haare schon vorher auf zu wachsen und fallen nach gut **vier Jahren** aus. Rund **40** Haare verliert ein Jugendlicher am Tag, ein Erwachsener um die **100**. Eine Glatze bekommt man davon aber nicht.

Die meisten Haare auf dem Kopf haben blonde Menschen nämlich **150000**. Braunhaarige haben **110000** Haare, Schwarzhaarige **90000** und Rothaarige **85000**.

Die ersten Menschen hatten nicht nur auf dem Kopf viele Haare, sondern der ganze Körper war mit Fell bedeckt. Sonst hätten sie nicht überleben können.

Denn Haare wärmen wunderbar. **Ein Zentimeter** Haarpelz isoliert so gut wie **vier Zentimeter** Fett.

Die Menschen heute wärmen sich mit künstlichen Fellen – sie tragen draußen meist Jacken und Mäntel.

1*

Wie viele Haare verliert ein Jugendlicher am Tag?

2*

Welche Menschen haben die meisten Haare?

3*

Woraus bestehen Haare?

4*

Wie viele Zentimeter wächst ein Kopfhaar im Monat?

5*

Wie lang kann ein einzelnes Haar werden?

6*

Wie viele Haare hat ein Mensch auf seinem Körper?

7*

Was bedeckte den Körper der ersten Menschen?

8*

Welche Eigenschaft haben Haare?

1**

Wie viel weniger Haare haben Schwarzhaarige als Blonde?

2**

Wie viel mehr Haare haben Rothaarige als Braunhaarige?

3**

Wie viele Zentimeter wächst ein Kopfhaar im Jahr?

4**

Wie viele Kilometer wächst das Haar insgesamt im Jahr?

5**

Wie gut isoliert ein Zentimeter Haarpelz?

6**

Wie viele Haare verliert ein Erwachsener in der Woche?

7**

Warum tragen die Menschen heute ein „künstliches“ Fell?

8**

Wie viel Gewicht kann man an ein einzelnes Haar hängen?

1***

Wie viele Haare verliert ein Erwachsener im Jahr?

2***

Wie viele Haare verlierst du ungefähr in deinem ganzen Leben?

3***

Könnte ein Haar eine Tafel Schokolade halten?

4***

Wie lang wird ein Haar höchstens?

5***

Wie viele Millimeter wächst ein Haar täglich?

6***

Wie viele Haare passen in 275 Strohhalme?

7***

Linas Haare sind 15 cm lang. Wie lange hat das Wachsen gedauert?

8***

Wie lange muss Lina ihre Haare noch wachsen lassen, wenn sie 80 cm lang werden sollen?

Pinguine – einmalig in der Vogelwelt

Pinguine sind Vögel, können aber nicht fliegen. An Land wirken sie mit ihrem Watschelgang und den Stummelflügeln ziemlich unbeholfen. Manchmal schlittern sie auch auf der Brust liegend übers Eis und stoßen sich dabei mit ihren Flügeln und Füßen ab.

Aber im Wasser drehen die Vögel mächtig auf. Mit bis zu 25 Kilometern in der Stunde flitzen sie umher und spießen mit ihren spitzen Schnäbeln Beutefische auf. Dabei legen sie bis zu 100 Kilometer lange Strecken zurück. Außerdem können sie 50 Meter tief tauchen und 15 Minuten lang unter Wasser bleiben.

Die Körpertemperatur eines Pinguins beträgt 39 Grad Celsius. Damit ein Pinguin die Temperatur in der eisigen Kälte halten kann, hat sich die Natur etwas Besonderes einfallen lassen. Denn in langen Winternächten kann es in der Antarktis bis zu minus 88 Grad Celsius kalt werden.

Das Pinguin-Gefieder ist mit bis zu 30 000 Federn extra dicht. Die Spitzen der Federn überlagern einander wie Dachziegel und schützen die Haut wie ein Kleid aus Daunen vor dem kalten Wasser. Darunter haben die Pinguine eine dicke Fettschicht, die sie zusätzlich warm hält.

Es gibt 18 verschiedene Pinguinarten. Die größten Pinguine sind der Kaiser- und der Königspinguin. Der Kaiserpinguin wird bis zu 1,20 Meter groß und bringt ungefähr 30 Kilogramm auf die Waage. Der Königspinguin wird bis zu 97 Zentimeter groß und 15 Kilogramm schwer. Zwergpinguine dagegen bringen es nur auf 30 Zentimeter und gut 1000 bis 1500 Gramm.

Pinguine mögen es gesellig. Sie leben in riesigen Gruppen oder Kolonien zusammen – mit bis zu 10 000 Paaren.

Kaiserpinguine

1*

Können Pinguine fliegen?

2*

Wie schnell können Pinguine schwimmen?

3*

Wie viele Federn hat ein Pinguin-Gefieder?

4*

Wie viele Pinguinarten gibt es?

5*

Wie heißt der größte Pinguin?

6*

Wie schwer wird ein Königspinguin?

7*

Wie lange können Pinguine unter Wasser bleiben?

8*

Wie kalt kann es in der Antarktis werden?

1**

Wie lange braucht ein Pinguin für eine Strecke von 100 Kilometern?

2**

Wieso ist das Federkleid der Pinguine so dicht?

3**

Wie bewegen Pinguine sich an Land fort?

4**

Was machen Pinguine im Wasser?

5**

Wie viele Pinguin-Paare leben höchstens in einer Gruppe?

6**

Wie viele Kilo wiegt ein Zwergpinguin?

7**

Leben Pinguine gern in Kolonien?

8**

Wie groß ist der Größenunterschied zwischen Zwerg- und Kaiserpinguin?

1***

Wie viel schwerer als ein Zwergpinguin bist du?

2***

Warum müssen Pinguine nicht frieren?

3***

Wie viel länger kann ein Pinguin die Luft anhalten als du?

4***

Wie groß sind der Gewichts- und der Größenunterschied von Kaiser- und Königspinguin?

5***

Was haben Menschen bei einer Körpertemperatur von 39 Grad Celsius?

6***

Wie kalt kann es bei uns im Winter höchstens werden?

7***

Wie kalt ist es in einem Gefrierschrank?

8***

Wie groß ist der Temperaturunterschied zwischen Arktis und Gefrierschrank?

Kleine Giftzwerge

Mücken haben bei Pfeilgiftfröschen keine Chance. Die Tropenfrösche aus Südamerika sind prima gegen die Plagegeister gerüstet. Über ihre Haut produzieren sie ein eigenes Mückenschutzmittel, mit dem sie die Mücken empfindlich verletzen.

Doch damit nicht genug: Das Gift, das die gerade mal **25 Millimeter** großen Tierchen absondern, kann auch für uns höchst gefährlich werden. Schon **20 Milligramm** können einen erwachsenen Menschen töten, wenn sie in dessen Blutbahn gelangen. Und jeder der grellbunten Frösche – auch Farbfrosch genannt – hat davon gut **200 Milligramm**. Kein Wunder, dass die Frösche keine Feinde haben. Und wenn ein Tier trotzdem mal nach ihnen schnappt, spuckt es seine Beute meist schnell wieder aus. Der Frosch schmeckt einfach zu bitter.

Pfeilgiftfrösche zeugen nur sehr wenig Nachwuchs, um den sie sich aber intensiv kümmern. Die frisch geschlüpften Larven klettern auf den Rücken der Eltern und lassen sich zum nächsten Gewässer bringen.

40 Eier pro Jahr und Pärchen reichen den Pfeilgiftfröschen zum Überleben völlig aus. Nach **12 bis 15 Tagen** schlüpfen die Kaulquappen. Nach **70 bis 90 Tagen** sind die kleinen Frösche komplett entwickelt, mit **12 bis 18 Monaten** sind sie geschlechtsreif.

Die Indianer Südamerikas haben das Gift der Frösche schon immer genutzt, daher kommt auch der Name Pfeilgiftfrosch. Sie spießen die Frösche auf dünnen Ästen auf und halten sie über das Feuer. Tropft das Gift dann aus der Haut, wird es in einem Gefäß aufgefangen. Anschließend streichen die Indianer die Pfeilspitzen mit der Flüssigkeit ein und lassen sie zum Trocknen liegen. Ein einziger Pfeil könnte zehn Menschen töten.

1*

Wo leben Pfeilgiftfrösche?

2*

Welche Farbe haben Pfeilgiftfrösche?

3*

Wie viel Gift kann ein Pfeilgiftfrosch absondern?

4*

Wie viele Menschen kann ein Giftpfeil töten?

5*

Wie nennt man Pfeilgiftfrösche auch?

6*

Was bestreichen die Indianer mit dem Froschgift?

7*

Wann sind die Frösche geschlechtsreif?

8*

Wie transportieren die Eltern die Froschlarven?

1**

Wie wehren sich Pfeilgiftfrösche gegen Mücken?

2**

Welche Folge hat das Froschgift für die Mücken?

3**

Warum spucken andere Tiere die Pfeilgiftfrösche wieder aus?

4**

Wie viele Farbfrösche sind zusammen einen Zentimeter lang?

5**

Nach wie vielen Stunden schlüpfen die Kaulquappen spätestens?

6**

Was machen die frisch geschlüpften Larven der Pfeilgiftfrösche?

7**

Wie viele Zentimeter misst der Pfeilgiftfrosch?

8**

Wie viele Milligramm Gift können für einen Menschen gefährlich werden?

1***

Womit lässt sich die Größe eines Pfeilgiftfrosches vergleichen?

2***

Wie stellen die Indianer das Gift für ihre Pfeile her?

3***

Wie viele Menschen könnte das Gift eines Frosches töten?

4***

Wie lange dauert die Entwicklung der Frösche?

5***

Warum haben Pfeilgiftfrösche keine Feinde?

6***

Warum sollten wir das Mückenschutzmittel der Frösche nicht benutzen?

7***

Wie lange kümmern sich Pfeilgiftfrösche um ihren Nachwuchs?

8***

Woher kommt der Name Pfeilgiftfrosch?

Tiefsee: Leben im Dunkeln

Rund 65 Prozent der Erde sind von Wasser bedeckt. Selbst die Rückseite des Mondes ist besser erforscht als die Tiefsee. Hier gibt es kein Sonnenlicht und keine Pflanzen. Lange glaubte man daher, hier gäbe es auch kein Leben.

Das Reich der Tiefe beginnt 200 Meter unter dem Meeresspiegel. An der tiefsten Stelle – dem Marianengraben im Pazifik – reicht es elf Kilometer hinab. Ein gigantisches Gebirge, 70 000 Kilometer lang.

Hier unten hausen gruselige Wesen mit glitzernden Augen, durchsichtigen Körpern oder riesigen Bäuchen. Es ist kalt, nie wärmer als vier Grad.

Die Wassermassen drücken so stark, dass die Tiere sich nur ganz langsam bewegen können: Bis zu einer Tonne Gewicht lasten auf jedem Quadratzentimeter der Lebewesen. Nur weil deren wabbelige Körper aus viel Wasser bestehen, können sie nicht zerquetscht werden.

Schon in 300 Metern Tiefe dringen nur noch schwache Lichtfetzen durchs Wasser. Ab 1000 Meter ist es stockdunkel. Hier wachsen keine Algen, keine Pflanzen und keine Korallen mehr. Und deshalb gibt es sehr wenig zu fressen. Doch die Tiefseebewohner müssen nicht verhungern.

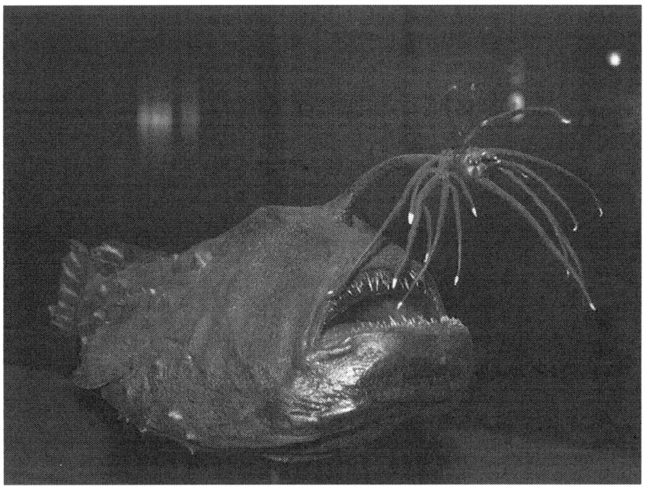

Laternenfisch

In der Nacht steigen etwa Kronenquallen, Laternenfische und Garnelenschwärme nach oben in höhere Meeresschichten auf. Dort futtern sie sich mit Algen und Plankton satt und kehren vor Sonnenaufgang in die Tiefe zurück. Im Hellen zu bleiben, wäre zu gefährlich: Sie könnten Opfer von Raubfischen werden.

Der Laternenfisch macht die weiteste Reise. Nacht für Nacht taucht er drei Stunden lang aus 1700 Metern aus der Tiefe auf, um 100 Meter unter dem Meeresspiegel auf die Jagd zu gehen.

1*

Wie viel Prozent der Erde ist von Wasser bedeckt?

2*

Scheint in der Tiefsee die Sonne?

3*

Wie kalt ist es in der Tiefsee?

4*

Ab welcher Tiefe ist es unter Wasser stockdunkel?

5*

Wachsen 1000 Meter unter dem Meeresspiegel noch Pflanzen?

6*

Aus welcher Tiefe taucht der Laternenfisch auf?

7*

Was fressen Garnelen?

8*

Wie tief ist der Marianengraben?

1**

Wie viel Gewicht lastet auf den Lebewesen?

2**

Warum müssen die Tiefseebewohner nicht verhungern?

3**

Wovon ernähren sich Kronenquallen?

4**

Welches Tiefsee-Tier macht nachts die weiteste Reise?

5**

Wie viele Meter unter dem Meeresspiegel beginnt die Tiefsee?

6**

Wie viele Meter steigt der Laternenfisch in die Höhe?

7**

Warum können Tiefsee-Tiere sich nur langsam bewegen?

8**

Gibt es 220 Meter unter dem Meeresspiegel noch Licht?

1***

Warum werden die Tiefsee-Tiere nicht von den Wassermassen erdrückt?

2***

Warum wachsen in 1000 Metern Tiefe keine Pflanzen mehr?

3***

Wie viele Meter liegen zwischen der tiefsten Stelle und dem Beginn der Tiefsee?

4***

Wie viele Meter legt ein Laternenfisch in der Minute zurück?

5***

Gibt es in der Tiefsee eigentlich Landschaften?

6***

Kannst du so schnell schwimmen wie ein Laternenfisch?

7***

Wie viel kälter ist es in der Tiefsee als im Klassenraum?

8***

Was meinst du: Reicht der Marianengraben bis zum Mond?

Susanne Riesselmann: Einfache Sachaufgaben zu verblüffenden Sachtexten

M 7.1b:	M 7.1c:	M 7.1d:
1* 57 2* China 3* Ziegenhirte 4* 2 × 3 m 5* 55 Jahre 6* 2,36 m 7* Sie hatten Plastikstücke verschluckt. 8* 1,06 m	1** / 2** / 3** / 4** 56 cm 5** Ja 6** 115 kg 7** / 8** 51 cm	1*** 1952 2*** / 3*** / 4*** / 5*** / 6*** / 7*** / 8*** /

M 7.2b:	M 7.2c:	M 7.2d:
1* 509 m 2* Taiwan 3* 101 4* Im 92. Stockwerk 5* Sie sind luftdicht. 6* Bis zu 200 Stück 7* So schwer wie 40 Lkws 8* 39 s	1** 5 Jahre (Stand 2009) 2** Ja 3** 1995 4** 8 5** Der Luftdruck nimmt bei zunehmender Höhe ab. Das Ohr reagiert darauf empfindlich. 6** 9000 t Stahl, 26000 m^3 Beton; auf 557 Betonpfeilern 7** Sie nimmt durch Schwingung Erdbebenstöße auf und verhindert so das Umkippen. 8** Mehr als 300000	1*** Taipei Financial Center 2*** / 3*** ca. 4 s 4*** / 5*** / 6*** / 7*** durch Schlucken 8*** /

M 7.3b:		M 7.3c:		M 7.3d:	
1*	40	1**	60 000	1***	36 500
2*	Blonde Menschen	2**	/	2***	ca. 2,5 Mio (in 80 Jahren)
3*	Horn	3**	12 cm	3***	Ja
4*	1 cm	4**	12 km	4***	80 cm
5*	80 cm	5**	So gut wie 4 cm Fett	5***	0,3 mm
6*	ca. 5 000 000	6**	700	6***	412 500
7*	Fell/Haarpelz	7**	Sie haben kein Fell mehr.	7***	15 Monate
8*	Stabil	8**	180 g	8***	65 Monate

M 7.4b:		M 7.4c:		M 7.4d:	
1*	Nein	1**	4 h	1***	/
2*	Bis zu 25 km/h	2**	Schützt so vor dem kalten Wasser	2***	Dickes Federkleid/ dicke Fettschicht
3*	Bis zu 30 000 Federn	3**	Watschelgang/ Schlittern	3***	/
4*	18	4**	Fische fangen	4***	15 kg, 0,23 cm
5*	Kaiserpinguin	5**	10 000	5***	Fieber
6*	15 kg	6**	1–1,5 kg	6***	/
7*	15 min	7**	Ja	7***	–8 °C
8*	–88 °C	8**	90 cm	8***	70 °C

Susanne Riesselmann: Einfache Sachaufgaben zu verblüffenden Sachtexten

M 7.5b:	M 7.5c:	M 7.5d:
1* Südamerika 2* Grellbunt 3* 200 mg 4* 10 5* Farbfrösche 6* Pfeilspitzen 7* Mit 12–18 Monaten 8* Auf dem Rücken	1** Eigenes Mückenschutzmittel auf der Haut 2** Werden verletzt 3** Schmecken bitter 4** 4 5** Nach 360 h 6** Klettern auf den Rücken der Eltern. 7** 0,25 cm 8** 20 mg	1*** / 2*** Auf dünne Äste aufspießen, über ein Feuer halten, Gift tropft aus der Haut 3*** 10 4*** 18 Monate 5*** Sie sind giftig. 6*** Wäre auch für uns giftig. 7*** / 8*** /

M 7.6b:	M 7.6c:	M 7.6d:
1* Ca. 65 % 2* Nein 3* Nie wärmer als 4 °C 4* Ab 1000 m 5* Nein 6* Aus 1700 m 7* Algen und Plankton 8* 11 km	1** 1 t auf 1 cm^2 2** Sie steigen nachts in höhere Meeresschichten auf. 3** Algen und Plankton 4** Laternenfisch 5** 200 m unter dem Meeresspiegel 6** 1600 m 7** Die Wassermassen drücken so stark. 8** Nur schwache Lichtfetzen	1*** Ihre Körper bestehen aus viel Wasser. 2*** Sie können ohne Licht nicht wachsen. 3*** 10 800 m 4*** 8,9 m/min 5*** Nein 6*** / 7*** / 8*** Nein (mittlere Entfernung Mond–Erde = 384 400 km)

Vögel ziehen um die halbe Welt

Viele Vögel verlassen uns im Herbst. Sie verbringen den Winter in wärmeren Ländern, zum Beispiel in Afrika. Oft fliegen sie viele tausend Kilometer und bringen es auf gewaltige Flugleistungen.

Vogelart	**Zuggeschwindigkeit**	**Flugstrecke**
Storch	45 km/h	ca. 10 000 km
Schwalbe	90 km/h	ca. 8 500 km
Sperber	40 km/h	ca. 1 000 km
Star	65 km/h	ca. 1 800 km
Feldlerche	45 km/h	ca. 1 700 km
Gartenrotschwanz	45 km/h	ca. 4 500 km

1. **Welche Informationen kannst du aus der Tabelle ablesen?**
2. **Welche Fragen kannst du zum Text selbst finden?**

   Schreibe mindestens fünf Fragen auf.

   Beispiel: Wie viele km/h ist die Schwalbe schneller als der Sperber?
3. **Tausch deine Fragen mit einem Mitschüler aus. Beantworte die Fragen deines Mitschülers.**

Geschwindigkeiten

Welche Strecke können die Tiere in …

a) 10 Minuten

b) einer Viertelstunde

c) 20 Minuten

d) einer halben Stunde

e) 45 Minuten

f) einer Stunde

zurücklegen?

Tipp 1: Rechne mithilfe einer Tabelle. Rechne dazu alle Angaben in die gleiche Einheit um.

Tipp 2: Ordne die Tiere zuerst nach Geschwindigkeit.

Pferd

228 m/min

Star

65 km/h

Schnecke

5 cm/min

Fliege

108 m/h

Orca

55 km/h

Gepard

110 km/h

Rekorde in der Pflanzenwelt

Höher, dicker, schwerer – auch die Pflanzenwelt hat verblüffende Rekorde aufgestellt. Der schwerste Kürbis brachte 766 Kilogramm auf die Waage, der schwerste Grünkohlkopf wurde 2006 gewogen. Ergebnis: 48 Kilo. Acht Jahre vorher wurde mit 8,6 Kilogramm die schwerste Karotte in Amerika entdeckt.

Sie war aber nicht das längste Exemplar. Das maß 4,8 m und wurde im selben Jahr ebenfalls in den USA ausgebuddelt.

Die größte Gurke mit 5,6 m wurde 2006 gemessen. Eine Fuchsie erreichte 2005 1,14 m, ein Löwenzahn 1,28 m (1991) und eine holländische Sonnenblume 7,76 m (1986).

Die größte Blüte der Welt hatte bisher eine Rafflesia Arnoldii: Sie hatte einen Durchmesser von 91 Zentimeter.

Stelle die Längen der Pflanzen in einem Balkendiagramm dar.

Tipp 1: Wandle zuerst alle Längeneinheiten in Zentimeter um.

Tipp 2: Überlege, wie lang der Balken für die größte Zahl werden soll.

Das Alter von Haustieren

Wenn man sich ein Tier wünscht, sollte man sich vorher überlegen, wie alt es werden kann. Schließlich muss man sich viele Jahre um das Tier kümmern.

Wie alt können Tiere werden?

Lies das Diagramm.

Trage die Werte in eine Tabelle ein.

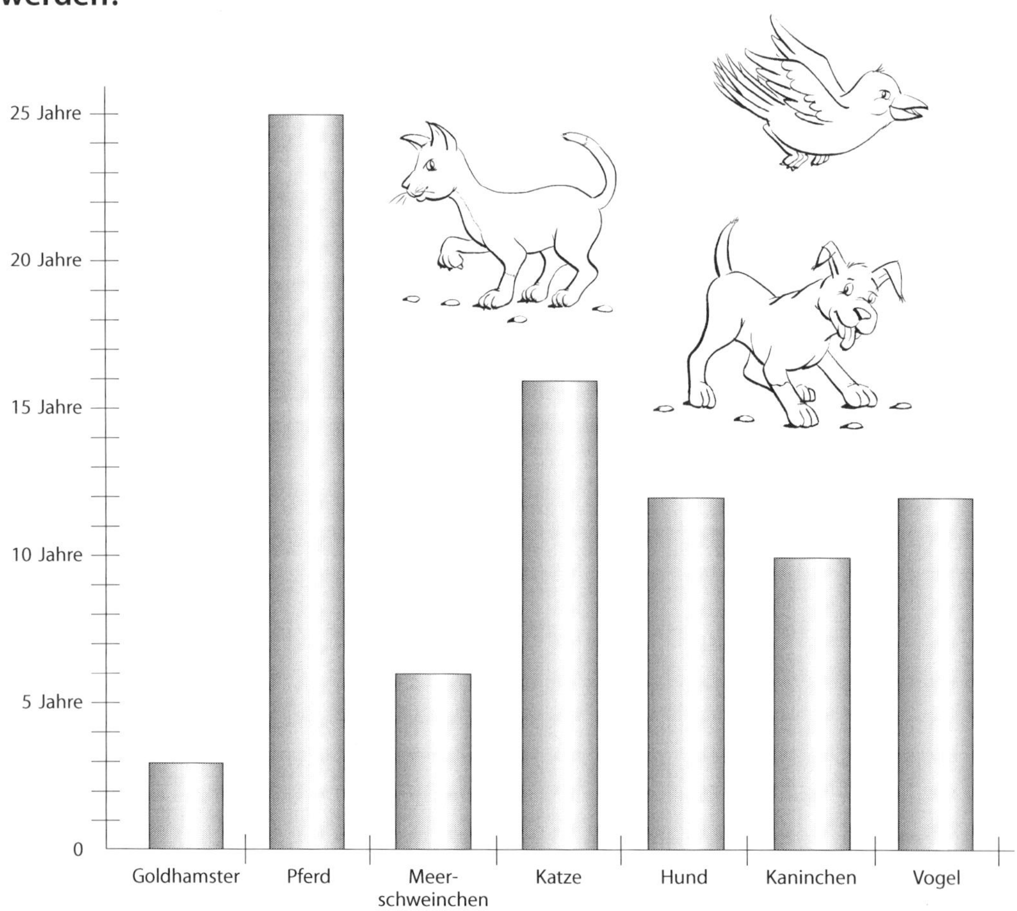

Susanne Riesselmann: Einfache Sachaufgaben zu verblüffenden Sachtexten

Die höchsten Wasserfälle

Der höchste Wasserfall der Welt ist mit 978 m der Salto Angel (Angel Falls) in Venezuela. Wahrscheinlich hast du schon einmal etwas von den Niagarafällen in Kanada gehört. Die sind mit 58 m klein neben den höchsten Wasserfällen der Welt.

① **Zeichne ein Balkendiagramm zu den Angaben.**
Runde die Höhen zuvor auf „Zehner".

② **Zeichne zum Vergleich auch den Kölner Dom ein. Er ist 157 m hoch.**

Angel Falls, Venezuela	978 m
Yosemite Falls, USA	739 m
Sutherland Falls, Neuseeland	571 m
Kalambo Falls, Tansania	427 m
Niagara Falls, Kanada	58 m
Rheinfall, Deutschland/Schweiz	25 m

Niagarafälle, Kanada

M 8.2 – Geschwindigkeiten (z. T. gerundet)

	Schnecke 0,05 m/min	Fliege 1,8 m/min	Pferd 228 m/min	Orca 916,6 m/min	Star 1083,3 m/min	Gepard 1833,3 m/min
a) 10 min	0,5 m	18 m	2280 m = 2,28 km	9166 m = 9,17 km	10 833 m = 10,83 km	18 333 m = 18,33 km
b) 15 min	0,75 m	27 m	3420 m = 3,42 km	13 749 m = 13,75 km	16 250 m = 16,25 km	27 500 m = 27,5 km
c) 20 min	1 m	36 m	4560 m = 4,56 km	18 332 m = 18,33 km	21 666 m = 21,67 km	36 666 m = 36,67 km
d) 30 min	1,5 m	54 m	6840 m = 6,84 km	27 498 m = 27,5 km	32 499 m = 32,5 km	54 999 m = 55 km
e) 45 min	2,25 m	81 m	10 260 m = 10,26 km	41 247 m = 41,25 km	48 749 m = 48,75 km	82 499 m = 82,5 km
f) 60 min	3 m	108 m	13 680 m = 13,68 km	55 km	65 km	110 km

M 8.3

Rekorde in der Pflanzenwelt

Karotte
480 cm

Fuchsie
114 cm

Löwenzahn
128 cm

Gurke
567 cm

Sonnenblume
776 cm

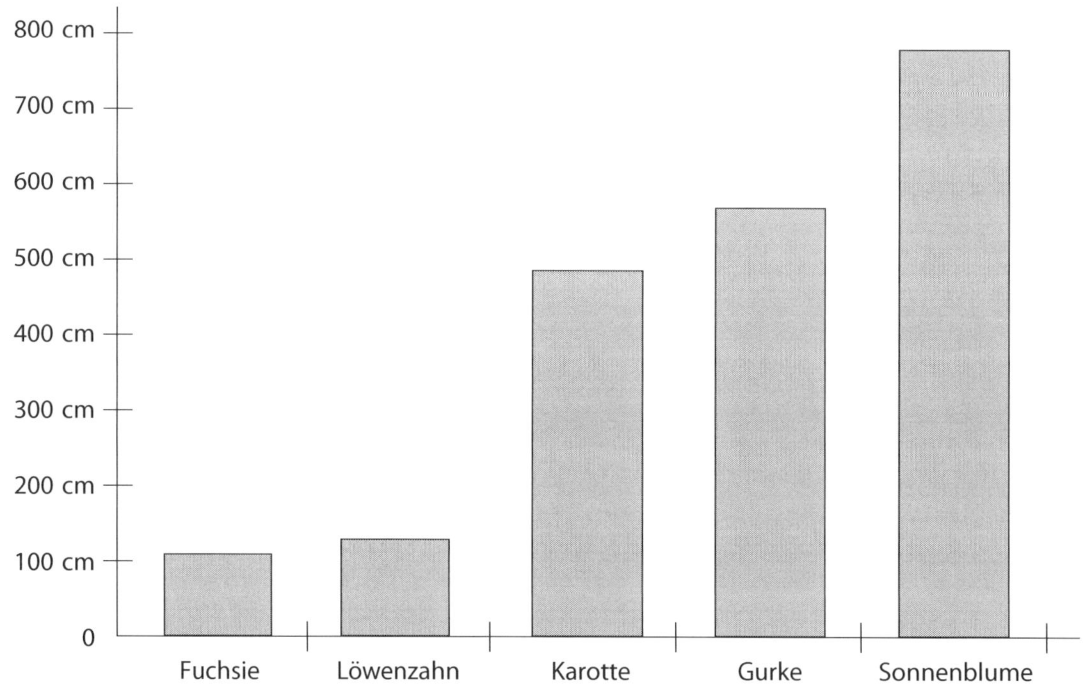

Das Alter von Haustieren

Tier	Goldhamster	Pferd	Meerschweinchen	Katze	Hund	Kaninchen	Vogel
Alter	3 Jahre	25 Jahre	6 Jahre	16 Jahre	12 Jahre	10 Jahre	12 Jahre

Die höchsten Wasserfälle

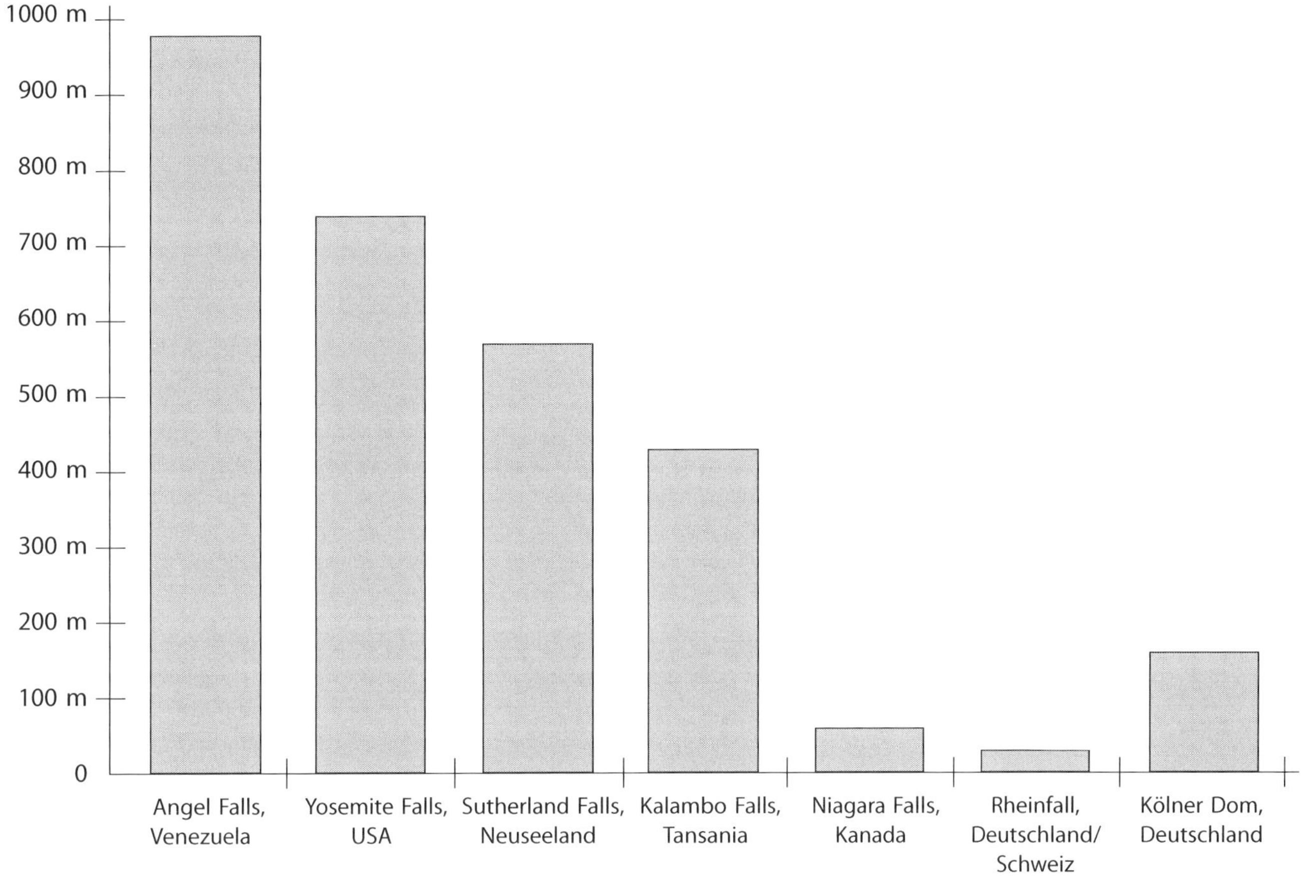

Checkliste: Lösen von Sachaufgaben

Text lesen, Fragen klären, nacherzählen

Frage(n) lesen, finden, ordnen

Text lesen, markieren

Skizze anfertigen

Tabelle zeichnen

Diagramm/Schaubild zeichnen

ausrechnen

knobeln, ausprobieren

diskutieren, sich gegenseitig helfen

Lösung formulieren

Lösung prüfen

Lösung besprechen

Gewichte

Es gibt verschiedene Einheiten für Gewichte: Schließlich kann man sich das Gewicht eines Pottwals schlecht in Gramm und das Gewicht einer Fliege schlecht in Tonnen vorstellen.

Diese Maßeinheiten sind üblich:

- **Gramm (g)**
- **Kilogramm (kg)**
- **Tonne (t)**

1000 g = 1 kg | **1 kg = 1000 g**

1000 kg = 1 t | **1 t = 1000 kg**

Enthält eine Aufgabe verschiedene Maßeinheiten, muss man umrechnen.

Beispiel:

Ein Baby wiegt bei der Geburt im Durchschnitt etwa 3000 g. Das schwerste Baby wog bei der Geburt 10,2 kg.

Hohlmaße

Es gibt verschiedene Einheiten für Hohlmaße. Schließlich kann man sich den Inhalt einer Badewanne schlecht in Millilitern und den Inhalt eines Fläschchens mit Nasentropfen schlecht in Litern vorstellen.

Diese Maßeinheiten sind üblich:

- **Liter (l)**
- **Milliliter (ml)**

1000 ml = 1 l **1 l = 1000 ml**

Enthält eine Aufgabe verschiedene Maßeinheiten, muss man umrechnen.

Beispiel: Ein Esslöffel Brühe entsprechen 10 ml. Zum Kochen einer Suppe braucht man 1 l Brühe.

Längen

Man braucht verschiedene Längeneinheiten.

Schließlich kann man sich die Länge eines Regenwurms schlecht in Metern und die Entfernung von der Erde zum Mond schlecht in Zentimetern vorstellen.

Diese Maßeinheiten sind üblich:

- **Millimeter (mm)**
- **Zentimeter (cm)**
- **Meter (m)**
- **Kilometer (km)**

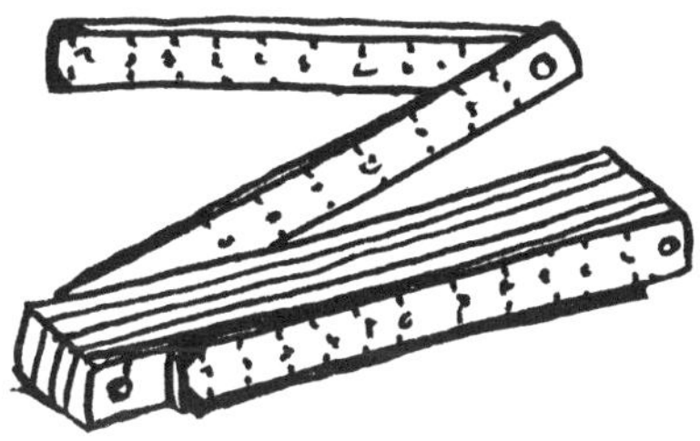

10 mm = 1 cm	**1 cm = 10 mm**
100 cm = 1 m	**1 m = 100 cm**
1000 m = 1 km	**1 km = 1000 m**

Enthält eine Aufgabe verschiedene Maßeinheiten, muss man umrechnen.

Beispiel: Unsere Haare werden höchstens 80 cm lang. Aber es gibt Ausnahmen: Das längste Kopfhaar soll ein Mönch gehabt haben: Es war 8 m lang.

Zeit

Zeit – was ist das eigentlich? Wir können sie weder anfassen noch sehen, hören oder riechen. Aber jeder macht einen großen Zirkus darum.

Wenn es genau sein soll:

- **1 Jahr hat 365 Tage.**
- **1 Tag hat 24 Stunden.**
- **1 Stunde hat 60 Minuten.**
- **1 Minute hat 60 Sekunden**

Wenn es nicht so genau sein muss:

- **1 Jahr hat 12 Monate.**
- **1 Monat hat 30/31 Tage.**
- **1 Monat hat 4 Wochen.**
- **1 Woche hat 7 Tage**

DEZEMBER						
MO	DI	MI	DO	FR	SA	SO
1	2	3	4	5	6	7
8	9	10	11	12	13	14
15	16	17	18	19	20	21
22	23	24	25	26	27	28
29	30	31				

Enthält eine Aufgabe verschiedene Maßeinheiten, muss man umrechnen.

Beispiel: Die Sommerferien dauern sechs Wochen. Zehn Tage sind schon um.

Buchtipps nicht nur zum Weiterrechnen

Weltrekorde der Natur

Die Natur leistet Unglaubliches: Ein Nashornkäfer kann das Hundertfache seines eigenen Gewichtes tragen. Auf uns Menschen bezogen müssten wir fünf Pkws in die Höhe stemmen können. Die am schnellsten wachsende Pflanze ist die Braunalge: In einem Monat bringt sie es auf zehn Meter. Und es gibt auf der Erde Pflanzen, die 50 Jahre ohne Wasser auskommen. Brüllaffen schreien so ohrenbetäubend, dass man sie noch in 16 Kilometern Entfernung hören kann, und Mützenrobben schaffen es nach der Geburt, ihr Gewicht innerhalb von vier Tagen auf 50 Kilo zu verdoppeln. Unterhaltsam, informativ und mit ausdrucksstarken Bildern – so stellt der Band 200 außergewöhnliche Rekorde unserer Erde vor.

Science et vie
Weltrekorde der Natur
ISBN 978-3-86873-033-3
EUR 29,95

Das große Buch der 555 Rekorde

Wissen von der Urzeit bis hin zur Architektur, von der Astronomie bis hin zur Geografie – auf 160 Seiten liefert dieses Buch erstaunliche Fakten. Aufbereitet in Frage- und Antwortform und leicht verständlich.

Birgit Brauburger u. a.
Das große Buch der 555 Rekorde
ISBN 978-3817461455
EUR 9,95

Unglaubliche Rekorde und Vergleiche

Der Weiße Hai ist viermal größer als ein erwachsener Taucher. Mit 170 km in der Stunde fliegt ein Schmetterball so schnell wie ein Mauersegler und die Erde passt mehr als 1300-mal in den Jupiter. Das Buch präsentiert Fakten rund um Höhe, Länge, Geschwindigkeit und Masse. Pflanzen werden mit Tieren, Sportler mit Fahrzeugen und Schiffe mit Gebäuden verglichen – in farbenfrohen Illustrationen und zudem maßstabsgetreu. Das ist ungeheuer fesselnd, verblüffend und beeindruckend zugleich. Kurzum ein rundum gelungenes Produkt zum kleinen Preis.

Nicholas Harris
Unglaubliche Rekorde und Vergleiche
ISBN 978-380942386
EUR 7,95

Guiness World Records

Die Guinessbücher der Rekorde bieten eine Fülle von Anregungen für spannende Mathematikaufgaben. Schon mal 1714 Räder in der Stunde geschlagen oder in derselben Zeit 812 Klimmzüge gemacht? Nein? Kein Grund zur Aufregung – so was schaffen ohnehin nur Weltrekordler. Das „Guiness World Records 2009" stellt in kurzen Texten und mit vielen Fotos 3400 Höchstleistungen vor.

Guiness World Records 2009
ISBN 978-3-411-14079-4
EUR 19,99

Extreme der Natur

150 Superlative aus Flora und Fauna hat der Zoologe und Fotograf Mark Carwadine jetzt für „National Geographic" zusammengetragen. Die „Extreme der Natur" heißt der Bildband, der eindrucksvoll dokumentiert, was die Natur so alles zu bieten hat. Der Koloss-Kalmar zum Beispiel hat die größten Augen im Tierreich. Mit 60 Zentimetern sind diese so groß wie ein Medizinball. Die Pflanze, die sich am schnellsten bewegt, ist die Venusfliegenfalle und die höchsten Bäume der Welt sind die Redwood-Bäume in Kalifornien. Das Guinessbuch für Flora und Fauna und eine Anschaffung, die sich lohnt.

Mark Carwadine
Extreme der Natur
ISBN 978-3937606576
EUR 39,90

IV Literaturverzeichnis

- **Erichson, Christa:** Sachtexte lesen, mit denen man rechnen kann. In: Die Grundschulzeitschrift, Heft 48, 1991, S. 23–25
- **Franke, Marianne:** Didaktik des Sachrechnens, Berlin u. Heidelberg 2003, Spektrum
- **KMK:** Empfehlungen zum Förderschwerpunkt Lernen, Beschluss der Kultusministerkonferenz vom 1.10.1999
- **KMK:** Beschlüsse der Kultusministerkonferenz, Bildungsstandards im Fach Mathematik für den Primarbereich (Jahrgangsstufe 4), Beschluss vom 15.10.2004
- **Lankes, Eva-Maria:** Mit Bildungsstandards arbeiten – kompetenzorientiert unterrichten. In: Grundschule, Heft 5, 2006, S. 21–24
- **Radatz, Hendrik; Schipper, Wilhelm u. a.:** Handbuch für den Mathematikunterricht, 3. Schuljahr, Hannover 1999, Schroedel

Mathematik anschaulich und motivierend

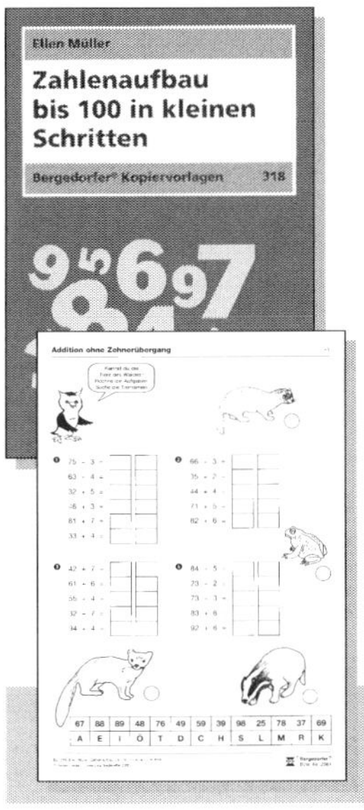

Ellen Müller

Zahlenaufbau bis 100 in kleinen Schritten

Kopiervorlagen für die Arbeit mit Zahlenstrahl und Stellentafel

Klar ist: Es ist noch kein Meister vom Himmel gefallen! Gerade in Mathematik heißt es üben, üben, üben. Damit Sie auch langsamer lernende Schülerinnen und Schüler sicher voranbringen, besteht diese Mappe aus zahlreichen Aufgaben zu den Zehnerzahlen, Zahlenvergleichen u. v. m. Der Clou: Durch die Arbeit mit Zahlenstrahl und Stellentafel wird selbst schwächeren Kindern das „Begreifen" leicht gemacht.

So unterstützen Sie auch langsamere Kinder optimal!

Mappe mit Kopiervorlagen, 68 Seiten, DIN A4
1. bis 6. Schuljahr
Best.-Nr. 2381

Hans-Georg Witzel

Produktives Üben: Plus- und Minusaufgaben im Zahlenraum bis 100

Trainingsaufgaben zum Sichern und Festigen

Diese Arbeitsmappe beinhaltet eine Vielzahl an produktiven Übungsformen zu Plus- und Minusaufgaben im Zahlenraum bis 100. Die äußerst ansprechend gestalteten Aufgaben bieten jeweils Beispiele und sind hinsichtlich des Schwierigkeitsgrades differenziert. So kann der Mathematikunterricht auch an Förderschulen modern gestaltet und das unterschiedliche Lernniveau der Schüler/-innen berücksichtigt werden.

Addition und Subtraktion systematisch trainieren!

Mappe mit Kopiervorlagen, 57 Seiten, DIN A4
Ab 2. Schuljahr
Best.-Nr. 2671

Ellen Müller

Zahlenaufbau bis 1.000 in kleinen Schritten

Kopiervorlagen für die Orientierung im Zahlensystem

Diese ansprechend gestalteten Arbeitsblätter eignen sich besonders gut als Differenzierungsmaterial in der Grund- und Förderschule. Das Lernziel umfasst den Aufbau des Tausenders mit Zehnern, Hundertern und beliebigen dreistelligen Zahlen. Mit den Additions- und Subtraktionsübungen unterstützen Sie gezielt das Erkennen von Zahlenbeziehungen im dreistelligen Zahlenraum.

Damit machen Sie den neuen Zahlenraum auch für schwächere Schülerinnen und Schüler zugänglich!

Mappe mit Kopiervorlagen, 64 Seiten, DIN A4
4. bis 9. Schuljahr
Best.-Nr. 2382

Marco Bettner, Erik Dinges

Bruchrechnung in kleinen Schritten

Band 1: Einführung in die Bruchzahlen

Die Bruchrechnung ist für Förderschüler/-innen ein sehr schwieriges Thema. Eine gründliche und fundierte Einführung ist daher ein Muss. Die Inhalte werden sowohl auf der enaktiven, ikonischen als auch symbolischen Ebene erarbeitet. Zu jedem Inhalt werden Bezüge zum Alltag der Schüler/-innen hergestellt, sodass sie die Relevanz des Themas für ihr eigenes Leben verstehen. Die klare Strukturierung der Arbeitsblätter und Lösungen zur Selbstkontrolle erleichtern die Orientierung inkl. einer Einführung mit Hinweisen zu Fehlerquellen und Tipps sowie Lernzielkontrollen zur Ermittlung des Lernstandes und Aufgaben in verschiedenen Schwierigkeitsstufen zur Differenzierung.

Buch, ca. 88 Seiten, DIN A4
5. bis 9. Schuljahr
Best.-Nr. 3490

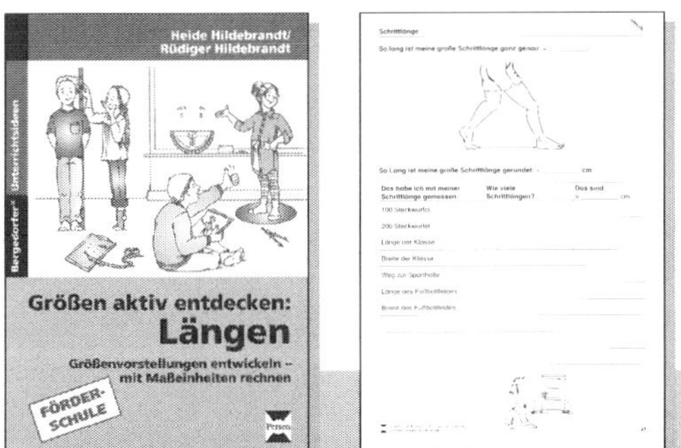

Heide und Rüdiger Hildebrandt

Größen aktiv entdecken: Längen

Größenvorstellungen entwickeln – mit Maßeinheiten rechnen

Dieser Band macht Schüler/-innen fit, mit Maßwerkzeugen richtig umzugehen. Sie lernen, Entfernungen und deren Bedeutung richtig einzuschätzen und zu messen. Im Alltag unerlässliche Fähigkeiten! Die Aufgaben entsprechen dem Konzept des aktiv-entdeckenden Lernens. Einen Schwerpunkt bildet der Bereich „Schätzen". So entwickeln die Schüler/-innen Vorstellungen von Längen und lernen zu ermessen, ob etwas lang oder kurz, klein oder groß, nah oder fern ist.

So wird das Thema Längen nachhaltig erarbeitet!

Buch, ca. 80 Seiten, DIN A4
4. bis 7. Schuljahr
Best.-Nr. 3776

Unser Bestellservice:

Das komplette Verlagsprogramm finden Sie in unserem Online-Shop unter

www.persen.de

Bei Fragen hilft Ihnen unser Kundenservice gerne weiter.

Deutschland: ✆ 0 41 61/7 49 60-40 · Schweiz: ✆ 052/366 53 54 · Österreich: ✆ 0 72 30/2 00 11